DELIUS KLASING

PERFEKT KNOTEN

KNOW-HOW FÜR DIE PRAXIS

Nic Compton

Delius Klasing Verlag

Die englische Originalausgabe mit dem Titel »The Knot Bible« erschien bei Adlard Coles Nautical, an imprint of Bloomsbury Publishing Plc, London.

Bibliografische Information der Deutschen Nationalbibliothek
Die Deutsche Nationalbibliothek verzeichnet diese Publikation in der Deutschen Nationalbibliografie; detaillierte bibliografische Daten sind im Internet über http://dnb.d-nb.de abrufbar.

1. Auflage
ISBN 978-3-7688-3564-0
Die Rechte für die deutsche Ausgabe liegen beim Verlag Delius, Klasing & Co. KG, Bielefeld

Aus dem Englischen von Egmont Friedl
Lektorat: Felix Wagner, Christiane Corssen
Herausgeber: Nic Compton, Claire Saunders
Knotenmacher: Ken Yalden
Fotograf: Andrew Perris
Layout: Lisa McCormick
Einbandgestaltung: Gabriele Engel
Satz: Bernd Pettke · Digitale Dienste, Bielefeld
Printed in China 2013

Delius Klasing Verlag, Siekerwall 21, D - 33602 Bielefeld
Tel.: 0521/559-0, Fax: 0521/559-115
E-Mail: info@delius-klasing.de
www.delius-klasing.de

Inhalt

Willkommen in der Welt der Knoten

Was ist so faszinierend an Knoten? Wie kann eine scheinbar so simple Tätigkeit, wie ein Stück Leine in eine zuvor festgelegte Form zu bringen, so erfüllend sein und eine solch weitreichende Anziehungskraft haben? Knoten haben schon seit dem Altertum Schriftsteller und Künstler in ihren Bann gezogen, sogar Leonardo da Vinci soll Gefallen daran gefunden haben, den ein oder anderen Türkischen Bund zu skizzieren. Wer diese Faszination der Knoten ebenfalls verspürt, ist also in guter Gesellschaft! Die Auswahl der Knoten in diesem Buch reicht von praktischen Knoten über Zierknoten bis hin zu ungewöhnlichen und einfach nur genialen Knoten.

Steke zum Festmachen

Mit 47 Möglichkeiten, eine Leine an einem Gegenstand zu befestigen, bilden die Steke das umfangreichste Kapitel in diesem Buch. Die Beispiele reichen von Knoten aus der traditionellen Segelschifffahrt bis zu raffinierten Neuentwicklungen der letzten Jahre.

Verbindungsknoten

Hier findet man mehr als 30 Methoden, zwei Leinen miteinander zu verbinden, auch geeignete Lösungen für glattes Hochmodulfaser-Tauwerk wie Dyneema® oder Spectra®.

Schlaufenknoten

Hier ist für jeden etwas dabei: Schlaufen, ob spanisch, doppelt oder dreifach oder nach Eskimoart. Auch Handschellenknoten sind nicht zu vergessen sowie spleenige geflochtene Schlaufen. Geht die Alleinherrschaft des Palsteks ihrem Ende zu? Finden Sie es heraus ab Seite 112.

Verdickungs- und Verzurrungsknoten

Dieses Kapitel zeigt alles von Stopperknoten und Wurfleinenknoten wie der Affenfaust bis hin zu Taljenwicklung und Kannenschlingen.

Laschings und Verzurrungen

Muss auf See ein Notmast gestellt oder an Land ein Unterstand gebaut werden? Hier werden die unentbehrlichen Methoden gezeigt, um Gegenstände fest miteinander zu verbinden.

Seilbunde

Ordnung ist das halbe Leben, und das gilt auch für unser Tauwerk! Doch das Aufschießen zu Schnecken hat nicht nur Vorteile.

Zierknoten

Türkische Bunde, Matten und Taljereepsknoten sowie die kompliziertesten Knoten findet man in diesem Kapitel. Also heißt es tief durchatmen und den ausführlichen Anleitungen Schritt für Schritt folgen.

Taklinge und Bändsel

Noch mehr unverzichtbare Informationen, um Tauwerk in Ordnung zu halten, sowie einige schmucke Taklinge, wie man sie nicht jeden Tag sieht.

Spleiße

Neben den Standardspleißen und einigen wenig bekannten Methoden aus der alten Zeit finden sich hier brandaktuelle Spleiße für Hochmodulfaser-Tauwerk. Und nicht zu vergessen: Der Tauwerkschäkel, bald schon unverzichtbar an Bord und der letzte Schrei für jeden Segler!

Wichtiger Hinweis

Jedem Knoten ist eine Bewertung von 1–5 Punkten beigestellt. Bewertet werden die Stärke, Sicherheit, Schwierigkeit zu binden, Schwierigkeit zu lösen und der praktische Nutzen. Die Ergebnisse basieren allein auf Erfahrung und Beobachtung und nicht auf wissenschaftlicher Untersuchung. Sie können daher nicht als absolut gelten und sollten keinesfalls zur Auswahl eines Knotens für eine bestimmte Aufgabe herangezogen werden. Außerdem sind die Knoteneigenschaften immer abhängig von Art und Zustand des Tauwerks, der Größe der Belastung sowie von äußeren Umständen wie Nässe und Trockenheit. Jeder Anwender sollte entsprechende Knoten selbst testen, um zu eigenen Rückschlüssen zu gelangen, bevor Knoten bei sicherheitsrelevanten Einsätzen verwendet werden.

Für ausführlichere Informationen zum Bewertungsschema siehe Seite 23.

» Für mich ist der einfache Vorgang des Bindens eines Knotens eine Abenteuerreise in grenzenlose Räume. Ein Stückchen Schnur gewährt ein Ausmaß an Freiheit, das einmalig ist. Denn ein einfacher Strang ist ein tastbares Objekt, das, für alle praktischen Zwecke, eine einzige Dimension besitzt. Wenn wir einen einzelnen Strang in einer Ebene bewegen, ihn nach Belieben verflechten, können reale Dinge entstehen, schöne und nützliche, in praktisch zwei Dimensionen. Und wenn wir unseren Strang aus dieser einen Ebene hinauslenken, ist eine weitere Dimension hinzugekommen. Sie verschafft uns die Gelegenheit zu einer Exkursion, die nur begrenzt ist durch die Reichweite unserer eigenen Vorstellungswelt und der Seillänge auf der Rolle des Seilmachers. Was kann wundervoller sein als das? «

Clifford Ashley, Das Ashley-Buch der Knoten

Grundwissen

1

Die Geschichte der Knoten

Knoten gibt es, seitdem es Tauwerk gibt, denn jede Schnur oder Leine ist ziemlich nutzlos ohne einen Knoten, mit dem man sie an einem Gegenstand befestigen kann. Dabei wurde alles Mögliche mit Tauwerk bewerkstelligt, angefangen vom Tragen von Lasten, dem Auslegen von Schlingen für die Jagd oder um Tiere anzubinden bis zum Bau von Zelten und Unterkünften. In Kriegszeiten dienten Seile dazu, Gegner zu fangen, zu fesseln oder gar hinzurichten. Aber selbst für eine einfache Steinschleuder musste ein Stück elastische Darmhaut an einem Stock befestigt werden, und auch dazu bedurfte es eines Knotens.

Die heutigen Wettfahrten der Großsegler haben die Kunst, einen Rahsegler zu führen, am Leben erhalten – und damit auch den Einsatz komplizierter Knoten.

Die Anfänge

So ist es kaum verwunderlich, dass überall auf der Welt frühgeschichtliche Zeugnisse von Knoten gefunden wurden. Die ältesten Objekte, die Schnur – und damit Knoten – benötigten, stammen aus der Repolusthöhle in Österreich; es sind zwei 300 000 Jahre alte Schmuckanhänger. Wir wissen, dass sich die alten Ägypter gut mit Knoten auskannten. Im Grab von Tutanchamun (ca. 1620 v. Chr.) fand sich ein Stück gedrehtes Garn. Aus den Zedern der Pazifikküste fertigten amerikanische Ureinwohner der Stämme Nootka und Clayoquot 100–125 mm dicke und bis zu 360 Meter lange Walfangleinen. An ihre Harpunen knoteten sie dreikardeelig geschlagene Leinen aus Walsehnen.

Sowohl die alten Griechen als auch die Römer verfügten über umfangreiches Knotenwissen. Im antiken Griechenland war man seiner Zeit sogar so weit voraus, dass Oribasius bereits im vierten Jahrhundert vor Christus eine Abhandlung über 18 Knoten und Schlingen speziell für chirurgische Eingriffe verfasste. Es muss das erste Knotenbuch gewesen sein.

Die wohl ausgefeilteste Verwendung von Knoten zeigten aber vielleicht die Inka bei ihrem Zahlensystem. In gebündelten Schnüren, genannt »Quipus«, wurden vor der Kolonialisierung Zahlen in einem Dezimalsystem festgehalten. So bedeuteten drei Knoten (oder ein dreifacher Knoten) an der Einerstelle eine 3, an der Zehnerstelle 30 und an der Hunderterstelle 300 usw. Ein Quipus konnte aus bis zu 2000 Schnüren bestehen, die durch unterschiedliche Farbkennung ausdrückten, was gezählt wurde, z. B. grün für Rinder oder weiß für Schafe etc. Der Quipus stand anstelle geschriebener Aufzeichnungen und galt den Herrschern als offizielles Dokument.

Die Inka verwendeten schon hunderte Jahre vor der Erfindung des Abakus durch die Chinesen Knoten für ihr Zählsystem.

Der Höhepunkt der Knotenkunst

Im 18. Jahrhundert, dem Zeitalter der Entdeckungen, und dem darauf folgenden, sich explosionsartig ausbreitenden weltweiten Handel entwickelten sich Knoten zu einer wahren Kunstform. Als die Schiffe ihre Ladungen zu immer weiter entfernten Zielen brachten, hatten die Seeleute auf den teils monatelangen Reisen jede Menge freie Zeit zur Verfügung. Die meisten konnten weder lesen noch schreiben, sodass Bücher, selbst wenn welche an Bord waren, ihnen keine Ablenkung bieten konnten. So wandten sie sich Handwerkskünsten zu, ob es der Bau von Schiffsmodellen, Scrimshaw (Gravieren von Walknochen), Tattoos, Nähen, Stricken, Häkeln, Körbe flechten oder gar Hüte machen war, all diese Tätigkeiten wurden von Matrosen ausgeübt, um die Eintönigkeit der langen Fahrten zu mindern. Der bevorzugte Zeitvertreib der meisten Seemänner aber war die Knotenkunst.

Tatsächlich erkannte man an den Knotenarbeiten, wo ein Seemann seinen Dienst tat, wie Clifford Ashley in seinem Standardwerk, dem

Ashley-Buch der Knoten, schreibt. Dabei galt die Kriegsmarine als besonders geizig und gab nur dünne Logleinen oder Angelschnüre heraus, sodass man sich dort auf Zierknoten und Makramee spezialisierte. Bei der Handelsmarine dagegen fiel scheinbar eine Menge dickes Tauwerk ab, das jedoch erst aufgedröselt und neu gelegt werden musste, bevor man Matten und Ähnliches daraus herstellen konnte. Doch zur größten Blüte kam es auf den Walfängern.

Abgesehen davon, dass diese Schiffe am längsten auf See blieben und somit den Seemännern die meiste freie Zeit neben ihrer eigentlichen Arbeit boten, gab es auf einem Walfänger auch immer ausgemusterte Harpunenleinen zum Knotenüben.

Die Entwicklung von Knoten war ein internationales Phänomen, das sich von Schiff zu Schiff vollzog, unabhängig von Landes- oder Religionszugehörigkeit. Zwar hüteten die Seeleute den ein oder anderen Spezialknoten wie ein geheimes Familienrezept, doch sobald sich ein Knoten in einer bestimmten Anwendung als besonders nützlich erwies, wurde er weitergegeben, sodass das ganze Schiff und damit letztlich die gesamte Seemannszunft davon profitieren konnte.

Diese Art der Verbreitung erfolgte ohne jede Aufsicht oder Kontrolle, nur durch praktisches Ausprobieren konnten sich so die besten Knoten mit der Zeit herauskristallisieren. Damit sind auch die unterschiedlichen Namen zu erklären, die nicht nur von Land zu Land, sondern tatsächlich von Schiff zu Schiff auftraten.

Der gewöhnliche Kreuzknoten wird im Englischen auch als Reffknoten, im Griechisch/Römischen als Herakles- bzw. Herkulesknoten oder in der romantischen Literatur als Liebesknoten bezeichnet.

Symbolische Knoten

Neben ihrer praktischen Verwendung dienten Knoten schon seit frühester Zeit als bildlicher Ausdruck in Kunst und Literatur. Die

Den Herkulesknoten (auch bekannt als Kreuzknoten) finden wir seit dem Altertum in kunstvollen Artefakten. Diese Goldkette stammt aus dem dritten Jahrhundert vor Christus.

Die große Zeit der Segelschifffahrt, als solche Rahsegler die Weltmeere befuhren, war der Höhepunkt der Knotenkunst.

Die Geschichte der Knoten

Griechen und Römer hatten eine Vorliebe für den Kreuzknoten, der immer wieder als Motiv bei Kleidung und Schmuckgegenständen auftaucht. Die ansprechende Symmetrie des Knotens zeigt zwei gegenüberliegende Leinen in gleichförmiger Vereinigung, was den Knoten zur Darstellung romantischer Beziehungen natürlich prädestiniert. In beiden großen Kulturen wurde er bei Hochzeitszeremonien verwendet.

Knoten konnten aber auch Probleme bereiten oder schwer lösbar sein. Berühmtestes Beispiel ist der mythische Gordische Knoten. Nachdem Gordios König von Phrygien geworden war, fand man seinen Ochsenkarren der Sage nach mit einem komplizierten Knoten festgebunden, dessen Enden nicht zu sehen waren. Es hieß, wer auch immer den Knoten lösen konnte, würde den Osten und das viel begehrte Persien erobern. Viele versuchten sich an dem Knoten, doch ohne Erfolg, bis Alexander (später Alexander der Große) kam und ihn mit einem einzigen Schwerthieb durchschlug. Diese Geschichte steht seitdem für die Lösung hartnäckiger Probleme mit einfachen, wenngleich auch groben Mitteln.

Seit langer Zeit haben Seeleute den Knoten magische Kräfte zugesprochen, so auch die Macht, den Wind zu beeinflussen. Es wurden sogenannte »Windknoten« in ein Stück Leine oder Tuch gebunden und an abergläubische Seemänner verkauft, die die drei darin gemachten Knoten im passenden Moment lösten, um den Wind freizulassen. Ein Gedicht des norwegischen Lyrikers Petter Dass beschrieb im 17. Jahrhundert, was dann passieren würde:

Volle Segel zieh'n rasch dich voran,
sobald du den ersten gelöst hast.
Doch schon beim zweiten, denke daran,
reffst du bis unter Halbmast.
Der dritte dann schickt so viel Wind,
dass zu den Pumpen man ruft geschwind.

Selbst Weltreligionen konnten sich der starken Symbolkraft der Knoten nicht verschließen, und man findet sie im Koran und im Tanach, der heiligen Schrift des Judentums. Dort heißt es im Fünften Buch Mose, dem Deuteronomium, im Kapitel 22:12: »Quasten sollst du dir machen an den vier Zipfeln deines Oberkleides, mit dem du dich bedeckst.« Strenggläubige Juden befestigen solche sorgfältig gedrehten Quasten, »Tzitzit« genannt, an den vier Ecken ihrer Gebetstücher.

Dieses Gebetstuch ist mit geknoteten Quasten verziert, wie es der Tanach, die hebräische Bibel, vorschreibt.

Als Alexander der Große vor dem Gordischen Knoten stand, fand er eine bestechend direkte Lösung: Schneid ihn einfach durch!

Knoten in der modernen Zeit

Das nachlassende Interesse am Knotenbinden wird gewöhnlich mit dem Niedergang der Großsegler und der aufkommenden Dampfschifffahrt am Ende des 19. und am Anfang des 20. Jahrhunderts erklärt. Da Dampfschiffe eine kleinere Besatzung benötigten und ihre Fahrtzeiten kürzer waren, so schlussfolgerte man, hatten auch die Seeleute weniger Zeit, sich mit der Knotenkunst zu beschäftigen. Clifford Ashley widerspricht hier interessanterweise. Er macht das gestiegene Bildungsniveau der Seemänner verantwortlich, denn zu dieser Zeit konnten die meisten Seeleute lesen und vertieften sich lieber in ein Buch. In seinen Schriften von 1944 begrüßte er auch die aufkommende Popularität des Radios, das die Hände vom zwanghaften Herumspielen mit Schnüren oder Leinen befreite, warnte jedoch gleichzeitig vor zu viel Ablenkung durch Fernsehen und Kino.

Ashley mag Recht behalten haben, was das Fernsehen betrifft, was er jedoch nicht voraussehen konnte, waren die Auswirkungen der Wohlstandsgesellschaft in der Nachkriegszeit. Ab den 1950er- und 1960er-Jahren hatte man mehr Freizeit als je zuvor. Die Beschäftigung mit persönlichen Interessen und alle Arten von Hobbys traten zunehmend in den Vordergrund. Später kam eine gewisse Geringschätzung für Massenprodukte hinzu und damit ein neu erwachtes Interesse an traditioneller Handwerkskunst, auch der Knotenkunst. Während Ashley glaubte dem Niedergang eines Handwerks beizuwohnen, beschleunigte er in Wirklichkeit seine Wiederbelebung.

So erfuhr das Knotenbinden in den letzten Jahren einen starken Anstieg mit vielen neuen Büchern und zahlreichen Websites. 1982 gründete sich die die Internationale Gilde der Knotenknüpfer (IGKT), die heute über 1000 Mitglieder und Niederlassungen in den USA, Holland, Frankreich, Deutschland und Neuseeland hat.

Wie viele Knoten?

Wer glaubt, jeder Knoten, den man in ein Stück Leine binden kann, müsste mittlerweile erfunden sein, der irrt sich. Im *Ashley-Buch der Knoten* werden 3800 gezählt, obwohl oft derselbe Knoten in unterschiedlichen Anwendungen dargestellt ist, sodass die tatsächliche Anzahl der gezeigten Knoten etwas unter 3000 betragen dürfte. Doch das war vor 70 Jahren. Tatsächlich werden laufend neue Knoten erfunden, wie die vierteljährlich erscheinende Zeitschrift *Knotting Matters* der IGKT berichtet. Natürlich sind nicht alle ungemein nützlich und oft ist auch nur der Neuheit zuliebe bei einem bekannten Knoten ein zusätzlicher Törn gemacht worden, was den Knoten gegenüber dem Original eher verschlechtert. Doch neben den vielen Knoten, die wohl wieder in Vergessenheit geraten, werden sich auch einige wenige durchsetzen und vielleicht sogar eines Tages einen der altbewährten Knoten verdrängen.

Auch heute gibt es kein vollständiges Knotenverzeichnis. Tatsächlich besteht die größte Herausforderung in der Auswahl des am besten geeigneten Knotens für eine bestimmte Aufgabe. Auch gibt es kaum Übereinstimmung darüber, welche die 10 wichtigsten Knoten sind, geschweige denn, welche Knoten in eine umfangreichere Auswahl aufgenommen werden sollten. Man wird hier viele Werke vergleichen müssen. *The Admirality Manual of Seamanship* ist sicher keine schlechte Wahl.

Knoten sind ein alltägliches Gebrauchsgut, gerade deshalb sind auch nur so wenige nach ihrem Erfinder benannt. Daher gilt: Ein Knoten soll dem Menschen dienen und nicht umgekehrt.

Kadetten beim Knotenüben. Die richtigen Steke rasch binden zu können konnte in der Marine über Leben und Tod entscheiden.

Die ersten Schritte beim Knotenlernen

Jeder kann die Knoten in diesem Buch binden, nur etwas Geduld und ein kühler Kopf sind Voraussetzung. Für die einfacheren Knoten benötigt man zwei Seilstücke von ungefähr 10 mm Durchmesser und knapp zwei Metern Länge und ein Minimum an Handwerkszeug (s. Seite 18). Einige Grundsätze gilt es allerding zu beachten, damit das Knotenlernen auch Spaß macht.

Knoten lernen

Die wichtigste Regel lautet: Fangen Sie mit den einfachen Knoten an. Genau wie beim Erlernen einer Sprache gibt es auch bei den Knoten eine Art Grundwortschatz, den man nur durch Übung zu beherrschen lernt und der Voraussetzung ist, wenn man die komplizierteren Knoten angehen möchte. Erst wenn man die einfachen Knoten fließend beherrscht und die Hände fast dem Kopf vorauseilen, ist man bereit für den nächsten Schwierigkeitsgrad. Andernfalls können komplizierte Knoten äußerst entmutigend sein und einem das gesamte Knotenlernen verleiden, und das wäre doch schade.

Eine weitere Regel sollte sein, einen neuen Knoten so lange zu üben, bis man ihn binden kann, ohne auf die Anleitung zu blicken. Aber nicht nur unmittelbar nach dem Blick ins Buch, auch am nächsten und am übernächsten Tag sollte man den Knoten noch immer aus dem Gedächtnis machen können. Es ist erstaunlich, wie schnell sich Knoten einprägen können.

Hat man mit einem bestimmten Knoten Schwierigkeiten, kann es helfen, das Buch einfach auf den Kopf zu stellen und zu versuchen, ihn aus einer anderen Perspektive nachzuknoten.

Tauwerk pflegen

Eine weitere Regel ist, Tauwerk immer in guter Ordnung zu halten. Schießen Sie das Tauwerk zu Seilbünden auf (Seiten 186–195). Völlig verdrehte, alte Leinen legt man am besten am Boden aus und arbeitet die Verdrehungen heraus wie bei einem Gartenschlauch.

Neue Hanfleinen waren früher so

Segelschüler an Bord der Yacht BRILLANT üben Knoten vor dem Auslaufen zu einem Küstentörn in Nova Scotia.

steif und unhandlich, dass man sie am Heck festmachte und stundenlang hinterherschleppte, dann das andere Ende der Leine festmachte und sie erneut durchs Wasser zog.

Die Enden hatte man natürlich zuvor ordentlich betakelt. Modernes Tauwerk ist ungleich weicher und bedarf kaum solcher Behandlung. Sollte man sich aber doch dazu entschließen, ist auf ausreichend Abstand zu anderen Booten und Fischernetzen zu achten und es ist Vorsicht geboten, damit die Leine nicht versehentlich in den eigenen Propeller gerät.

Die Enden einer Leine sollte man immer mit Taklingen versehen oder verschmelzen, ansonsten kann sich die Leine aufschlagen und lässt sich nie wieder in ihre ursprüngliche Form bringen. Auf den Seiten 246–253 wird beschrieben, wie Taklinge aufgesetzt werden. Meist sind die Enden bei neuem Tauwerk bereits versiegelt, sie können auch problemlos mit einem Feuerzeug oder einer Lötlampe neu versiegelt werden, doch nichts sieht so gut aus wie ein traditioneller Takling.

Früher hat man Leinen mit einem Beil auf einem Holzblock abgelängt. Heute gibt es günstige Heißschneider, die die Enden beim Schneiden gleichzeitig versiegeln. Für die meisten von uns ist aber ein Seglermesser völlig ausreichend. Achten Sie auf eine gut geschärfte Klinge und auf einen festen Untergrund wie ein Schneidebrett oder einen Holzblock. Vor dem Durchtrennen sollte man beiderseits des Schnitts Klebeband oder ein Stück Takelgarn mit einem Konstriktorknoten (Seite 38) aufbringen, damit sich die Leine nicht aufschlagen kann.

Grundsätzlich sollte eine Leine lieber etwas zu lang abgeschnitten werden. Sie nochmals zu kürzen ist einfach, sie zu verlängern dürfte schwierig werden. Der alte Tischlerspruch gilt auch hier: Zweimal messen – einmal schneiden.

Tauwerk waschen

Schmutz und Salz erhöhen die Abnutzung und verkürzen die Lebensdauer des Tauwerks. Waschen Sie das Tauwerk mit warmem Wasser und einem milden Waschmittel. Kunstfasertauwerk kann auch in der Waschmaschine gewaschen werden. Wählen Sie ein Schonprogramm und hängen Sie das Tauwerk zum Trocknen an einen gut belüfteten Ort, wo es nicht dem direkten Sonnenlicht ausgesetzt ist, da auch dieses die Lebensdauer herabsetzt.

Knoten festziehen

Eine Leine nur in die richtige Form eines Knotens zu bringen bedeutet noch nicht, einen fertigen Knoten gemacht zu haben. Das Festziehen eines Knotens ist ein wichtiger Teil der ganzen Arbeit und entscheidet gerade bei den komplizierten Knoten oft, ob der Knoten hält oder nicht, richtig oder falsch aussieht. Ziehen Sie die Lose nach und nach aus dem Knoten und verlieren Sie nie die beabsichtigte Form des Knotens aus den Augen. Das kann z. B. bei der Ozeanmatte viel mehr Zeit in Anspruch nehmen, als den eigentlichen Knoten zu formen. Ist ein Knoten bereits recht fest zugezogen, arbeitet man mit einer Zange und greift die einzelne Part gerade so fest, dass sie gezogen werden kann, ohne sie zu beschädigen.

Die Anschaffung eines Heißschneiders kann sich lohnen. Dieses Gerät durchschneidet Tauwerk und verschmilzt gleichzeitig die Enden.

Das Handwerkszeug

Stieg zur Zeit der Segelschifffahrt ein Seemann in die Takelage eines Schiffes, hatte er eigentlich nur ein Messer, einen Marlspieker und etwas Talg in einem Horn für seine Arbeit dabei. Alles andere galt als Ausnahme. Heutzutage benötigt man mehr Werkzeug, um auch Drahtseile bearbeiten zu können (Drahtscheren, Presswerkzeuge etc.), doch für den Knotenknüpfer genügt meist eine einfache Grundausstattung.

Unverzichtbares Werkzeug

Das einzig wirklich unverzichtbare Werkzeug ist ein Messer. Traditionelle Taklermesser haben einen Griff aus Holz und eine feststehende Klinge aus Gussstahl, deren Spitze abgestumpft ist, damit man sich in der schwankenden Takelage nicht versehentlich selbst in den Arm sticht. Tatsächlich aber kann fast jedes Messer verwendet werden, solange es scharf ist und eine Scheide zum eigenen Schutz und zum Schutz der Klinge hat.

Das zweite klassische Werkzeug ist der Marlspieker, ein ca. 22,5–30 cm langer Stahldorn mit einem gerundeten Kopf und einer Bohrung, um ein Bändsel zu befestigen. Damit werden beim Spleißen die Kardeele aufgeweitet oder fest zugezogene Knoten gelöst. Der gerundete Kopf erlaubt es, den Marlspieker mit einem Hammer in besonders steifes Tauwerk oder Drahtseil zu treiben. Heutzutage findet man oft einen verkleinerten Marlspieker bei Seglermessern (wie dem bekannten Captain Currey-Taschenmesser) oder in Kombination mit einem Schäkelöffner in einer Gürteltasche. Beide sind für kleine bis mittlere Tauwerkstärken ausreichend, aber ab 25 mm Taudurchmesser gänzlich ungeeignet.

Eine sinnvolle Ergänzung zum Takelwerkzeug ist der Fitt, eigentlich ein schlanker Dorn aus Hartholz (oder Walknochen), der ähnlich wie ein Marlspieker eingesetzt wird, jedoch niemals mit dem Hammer geschlagen wird. Fitts gibt es in Größen ab 75 mm Länge.

Matrosenmesser

Holzfitt

Marlspieker

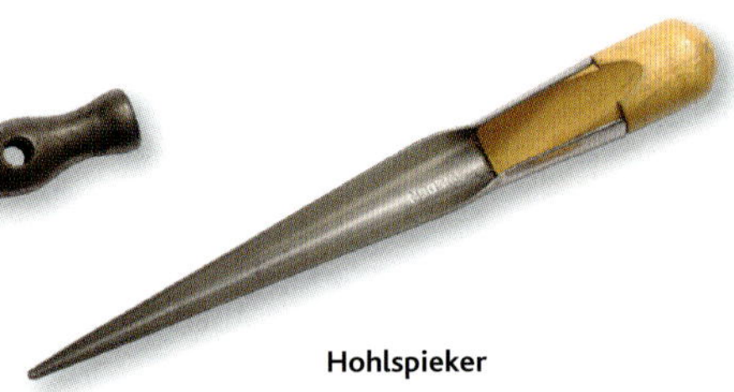
Hohlspieker

Kleedkeule

Taklerhammer

Segelmacher-Handschuh

Flachzange

Gewachstes Takelgarn

Unterschiedliche Takelgarne

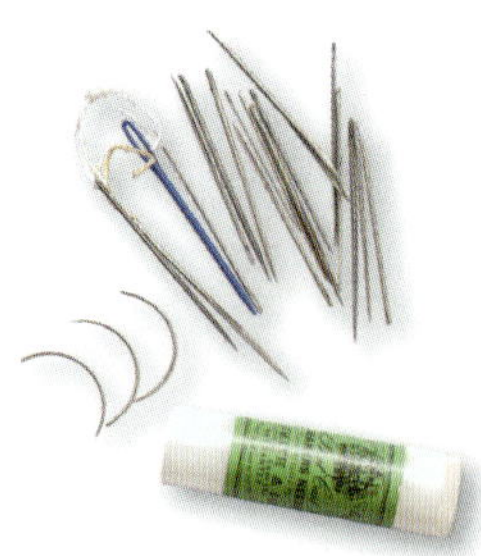
Segelmacher-Nähnadeln

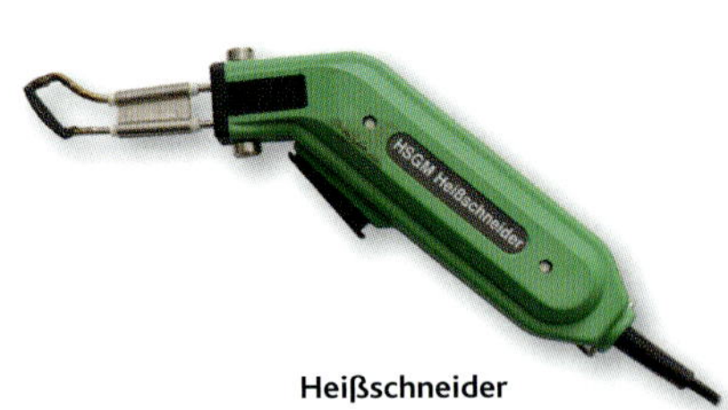

Heißschneider

Ein Takelmesser und ein Marlspieker (genauer Hohlspieker) sind für fast alle Knotenarbeiten in diesem Buch ausreichend.

Als Faustregel gilt, dass die Länge des Fitts in etwa 21-mal den Durchmesser des zu bearbeitenden Tauwerks betragen sollte. Für eine 10-mm-Leine bedeutet das eine Fittlänge von 210 mm. Sogenannte Hohlspieker oder Schwedische Marlspieker mit ihrem halbrunden Querschnitt und einem Griff aus Holz haben den klassischen Marlspieker weitgehend verdrängt und sind heutzutage oft das einzige spezielle Takelwerkzeug in den Geschäften der Yachtausrüster.

Zusätzliches Werkzeug

Ein Heißschneider ist eine sehr praktische Erfindung, die nicht nur ausschließlich den Profis zur Verfügung stehen muss. Im Prinzip handelt es sich um eine elektrisch zum Glühen gebrachte Schneide als Handgerät oder feststehend auf einem Tisch, die den Vorteil hat, die Fasern beim Schneiden gleichzeitig zu verschmelzen. So kann sich das Ende einer Leine nicht weiter aufschlagen. Heißschneider können nur für Kunstfasertauwerk eingesetzt werden.

Wenn man nicht gerade ausgesprochen kraftvolle Finger und eine unempfindliche Haut hat, fällt das Festziehen, besonders bei den kniffligen Knoten aus Kapitel 4 und 7, mit einer langen Flachzange viel leichter. Für die Zange genügt ein einfaches Modell aus dem Baumarkt. Zum Schutz der Leine kann man ein Stück Tuch auflegen, bevor man sie mit der Zange greift. Für Taklinge und andere Feinarbeit benötigt man eine Auswahl an Segelmacher-Nähnadeln mit dreiseitiger Spitze und etwas gewachstes Takelgarn. Dieses Takelgarn ist in vielen Farben erhältlich und kann auch gut für kleinste Schmuckknoten verwendet werden, wie z. B. eine Affenfaust als Ohrring oder Anhänger. Andererseits kann zum Takeln auch eine Spule geteertes Garn aus Naturhanf sehr gut seinen Zweck erfüllen und verströmt dabei auch noch so einen wunderbaren Geruch!

Der Segelmacher-Handschuh entspricht dem Fingerhut, nur dass er durch eine Lederschlaufe gehalten wird und in der Handfläche sitzt. So kann die Nadel kräftiger durch mehrere Lagen Segeltuch oder dickes Tauwerk gedrückt werden. Wir verwenden ihn hier ausschließlich zum Benähen von Taklingen.

Ein weiteres Hilfsmittel für den Takler ist Bienenwachs. Zieht man ein Stück Garn durch einen kleinen Block Wachs, werden die Fasern geglättet und gegen Feuchtigkeit versiegelt. Auch dient es als Schmiermittel, um leichter durch Leder oder Segeltuch stechen zu können.

Unverzichtbares Werkzeug

Messer
Marlspieker oder Fitt

Zusätzliches Werkzeug

Fitts in unterschiedlicher Größe
Zange
Hammer
Segelmacher-Handschuh
Nähnadeln
Takelgarn in unterschiedlicher Stärke
Bienenwachs

Die Arten von Tauwerk

Selbst ein kleiner Yachtausrüster bietet meist sehr viele unterschiedliche Tauwerksarten an. Wer nur eine einfache Leine kaufen möchte, dem kann diese riesige Auswahl allein schon Rätsel aufgeben. Doch um Knoten zu üben, kann man so gut wie jede Art von Leine verwenden. Abgesehen von den Zierknoten und den Spleißarbeiten eignen sich am besten zwei kurze Enden von je 1,80 Meter Länge und 10 mm Durchmesser für sämtliche Knoten in diesem Buch.

Durch die große Farbvielfalt modernen Tauwerks lässt sich jede Leine schnell erkennbar einer bestimmten Aufgabe zuordnen.

Naturfaser oder Kunstfaser?

Die grundlegendste Entscheidung bei der Auswahl einer Leine ist die zwischen Natur- und Kunstfasertauwerk. Gemäß der eigenen Vorliebe wird sich mit der Zeit sogar das Werkzeug und die Arbeitsweise etwas unterscheiden. Wer sowohl Kunst- wie auch Naturfasertauwerk verwendet, sollte dennoch niemals beide in einer Knotenarbeit kombinieren, da sie sich unterschiedlich verhalten und die künstlichen Fasern die Naturfasern stärker verschleißen lassen.

Naturfasertauwerk

Seit Tausenden von Jahren hat man Pflanzenfasern aus Baumwolle, Flachs, Kokos, Sisal und Hanf zu dünnen Garnen gesponnen, um daraus Seile herzustellen. Dazu wurden die Garne miteinander zu Kardeelen in die eine Richtung verdreht und diese Kardeele wurden in die andere Richtung wiederum zu einem Seil verdreht, man sagt »geschlagen«. Dieser gegenläufige Drehsinn hält das Tauwerk in seiner Form. Meistens besteht Naturfasertauwerk aus drei Kardeelen, man sagt, es ist dreischäftig geschlagen im Gegensatz zu vierschäftig geschlagenen Leinen. Wenn mehrere geschlagene Leinen miteinander zu einem sehr dicken Tau verdreht werden, spricht man von einem Kabelschlag.

Im Allgemeinen ist eine vielschäftige Leine schwächer als eine Leine mit weniger Kardeelen. So ist eine 10 mm starke Leine aus vier Kardeelen etwa zehn Prozent schwächer als eine 10-mm-Leine aus drei Kardeelen. Bei einer neunkardeeligen Leine würde der Unterschied sogar 40 Prozent betragen. Starkes Tauwerk besteht also aus wenigen dicken Kardeelen anstelle vieler dünner.

Naturfasertauwerk hat mehrere Nachteile: Es quillt bei Nässe auf, sodass sich Knoten nur schwer lösen lassen, und es muss sorgsam gelagert werden, um nicht Schimmel und Fäulnis anzuziehen. Im direkten Vergleich zu Kunstfasertauwerk ist es weniger belastbar, das heißt, für den gleichen Einsatz wird man einen dickeren Durchmesser wählen müssen. Anfangs ist es außerdem steif und unhandlich, alles Gründe,

Dreischäftig geschlagen

Vierschäftig geschlagen

Kabelschlag

Geflochten

Quadratgeflochten

Geflochten mit Dyneema-Kern

Polyamid (Nylon)

Polyester

Polypropylen

Polypropylen-Kammgarn

Spectra

Dyneema

warum man es heutzutage kaum noch auf Booten oder Yachten vorfindet. Andererseits wird es wegen seiner angenehmen Oberfläche und seiner natürlichen Farbe gern für dekorative Knoten wie eine Ozeanmatte (Seite 240) verwendet.

Kunstfasertauwerk

Seit der Erfindung des Nylon im Jahre 1938 verdrängt Kunstfasertauwerk seine Vorgänger aus natürlichen Materialien. Es ist nicht nur stärker, sondern auch unempfindlich gegenüber Nässe und UV-Strahlung. Außerdem kann es in den unterschiedlichsten Farben hergestellt werden, sodass sich die Bedienung des laufenden Guts einer Segelyacht durch eine entsprechende Farbkennung vereinfachen lässt – auch wenn das manchmal etwas übertrieben wird.

Ein Nachteil der modernen Leinen ist, dass sie glatter und rutschiger sind. Das ist zwar angenehm für die Hände, verringert aber die Knotenfestigkeit. Deshalb macht man öfter zusätzliche Schläge oder versieht das Ende mit einem Bändsel, was zeitaufwendig ist und nicht so gut aussieht wie ein schlichter Knoten.

Grob gesagt lässt sich Kunstfasertauwerk in drei Gruppen aufteilen: Nylon, auch Polyamid oder Enkalon genannt, hat eine hohe Dehnung, schwimmt nicht im Wasser und ist als Festmacher, Ankerleine oder Schleppleine geeignet. Polyester, auch Terylen oder Dacron genannt, ist zwar nicht so stark wie Nylon, hat aber weniger Reck und ist daher für Fallen und andere Teile des laufenden Guts geeignet, bei denen wenig Dehnung gewünscht ist. Polypropylen dagegen ist die preisgünstigste, aber auch schwächste Faser, hat jedoch den Vorteil, im Wasser zu schwimmen, und kann daher gut für Wasserskileinen sowie für Wurf- und Rettungsleinen verwendet werden.

Dazu kommen laufend neue Materialien auf den Markt wie Dyneema, Spectra und Kevlar. Bei der Auswahl dieser speziellen (und teuren) Leinen kann am besten ein Yachtausrüster weiterhelfen.

Die Flechtung

Ein weiterer wichtiger Unterschied besteht darin, dass Kunstfasertauwerk neben den üblichen drei- und vierschäftigen Qualitäten auch auf unterschiedliche Art geflochten wird. So kann man eine Leine mit 16-fach geflochtenem Mantel über einem dreischäftigen Kern kaufen oder ein Vierfach-Geflecht über einem einschäftigen Kern und sogar Tauwerk mit einem geflochtenen Mantel über einem geflochtenen Kern.

Und wichtig zu wissen: Geschlagenes Tauwerk dehnt sich mehr als geflochtenes und dämpft daher ruckartige Belastungen bei Festmachern besser, wohingegen geflochtenes Tauwerk besser die Spannung im laufenden Gut halten kann.

Salzwasser macht das Tauwerk nicht nur steif und unhandlich, es verschleißt auch die Fasern. Leinen sollten daher regelmäßig mit Süßwasser gewaschen werden.

Die richtigen Begriffe

Segler sind bekannt für ihr Segellatein, und das Fachchinesisch der Knotenknüpfer und Takler ist nicht weniger verwirrend. Die richtigen Begriffe zu beherrschen ist allerdings wichtig, denn bei den über 3000 möglichen Knoten kann man einem Crewmitglied nicht einfach auftragen, einen Knoten zu binden, wenn ein gelegter doppelter Konstriktor (Seite 41) benötigt wird. Genauso braucht man einheitliche Begriffe beim eigentlichen Formen eines Knotens, damit die Erklärungen leichter verständlich sind.

Auge oder Bucht? Mit den richtigen Begriffen fällt das Knotenlernen leichter.

Knoten, Stek und Spleiß

Was ist überhaupt ein Knoten? Einerseits versteht man darunter jeden Törn und Durchstich mit einer Leine. Andererseits muss man jedoch genauer differenzieren, denn Knoten, die ein Seil mit einem Gegenstand verbinden, nennt man eigentlich Stek. So unterscheidet man auch Verbindungsknoten für zwei Tauwerkenden oder Verdickungsknoten und Schlaufenknoten. Bei einem Spleiß werden die Kardeele einer Leine aufgeschlagen und dann an einer anderen Stelle mit der Leine oder mit einer anderen Leine verflochten.

Begriffe beim Knotenbinden

Diese Begriffe beschreiben die einzelnen Formen und Abschnitte einer Leine beim Binden eines Knotens. Das Ende der Leine, das geführt und durchgesteckt wird, bezeichnet man als das lose Ende, während das andere, nicht bewegte Ende stehende Part genannt wird. Der Abschnitt zwischen den Enden ist die Bucht. Einen Knoten in der Bucht zu binden bedeutet, die Enden der Leine nicht durch den Knoten zu stecken, wie z. B. beim Webeleinstek in der Bucht (Seite 34).

Doch auch ein gebogener Abschnitt in der Leine wird beim Binden eines Knotens als Bucht bezeichnet. Überkreuzt man die Leine, wird aus der Bucht ein Auge. Dabei unterscheidet man ein Überhandauge, bei dem das lose Ende über der stehenden Part liegt, von einem Unterhandauge mit dem losen Ende unter der stehenden Part.

Steckt man zum Abschluss eines Knotens nicht das lose Ende, sondern eine Bucht aus dem losen Ende durch, so entsteht eine Schlaufe und man legt den Knoten auf Slip. So kann der Knoten mit nur einem Zug

Bucht

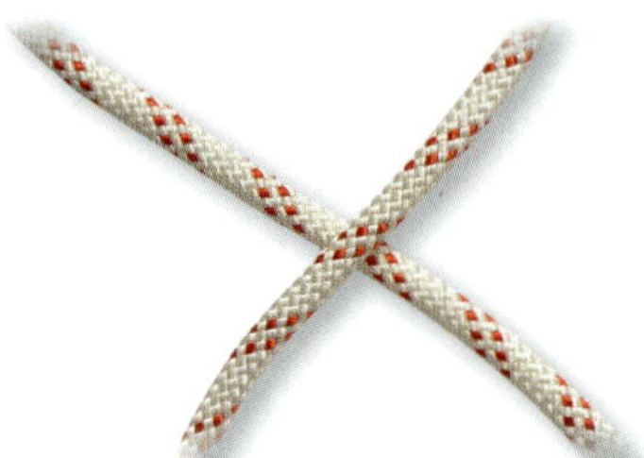

Überkreuzung

Ellbogen

Auge

Überhand Unterhand

Stehende Part

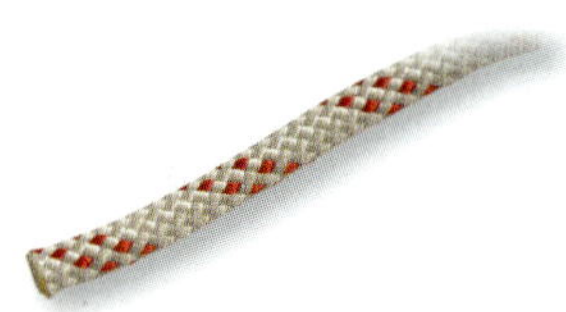

Loses Ende

am Ende der Leine leichter gelöst werden.

Führt man die Leine einmal um einen Poller oder einen Pfahl herum, so legt man einen Törn. Führt man sie ein zweites Mal herum, gibt es Rundtörn, bei einem dritten Mal werden es zwei Rundtörns.

Tauwerk, Seil, Leine

Die Begriffe Tauwerk und Seil dienen uns allgemein als Oberbegriff und sind nicht an eine bestimmte Aufgabe für ein Tau gebunden. Verwendet man ein Tau für einen bestimmten Zweck, heißt es Leine. An Bord eines Schiffes gibt es daher eigentlich nur Leinen, wie die Ankerleine oder eine Wurfleine. Doch sollte diese Regel nicht allzu streng ausgelegt werden, da man auch von einem Kletterseil oder einem Manntau spricht.

Bewertung der Knoten

Jedem Knoten in diesem Buch ist eine Bewertung von 1–5 Punkten beigestellt. Bewertet werden die Stärke, Sicherheit, Schwierigkeit zu binden, Schwierigkeit zu lösen und der praktische Nutzen. Auf den ersten Blick mag es überflüssig erscheinen, Stärke und Sicherheit getrennt zu bewerten. Entweder hält ein Knoten oder er hält nicht. Doch gibt es Knoten, die bekneifen sich unter Last, bis die Leine bricht, und solche, die sich aufziehen, bevor die Leine bricht.

Diese Unterscheidung ist bei dem weit verbreiteten Einsatz von Kunstfasertauwerk umso wichtiger, da es zwar sehr belastbar, aber auch sehr glatt und rutschig ist, sodass ein Knoten mit hoher Sicherheit und geringerer Stärke geeigneter ist. Naturfasertauwerk dagegen hat einen guten Grip und geringere Belastbarkeit. Hier fällt die Wahl eher auf Knoten mit großer Stärke und geringerer Bewertung der Sicherheit. Sicher ist jedenfalls, dass es immer eine passende Lösung gibt.

Ein Knoten, der einfach zu binden ist, muss nicht unbedingt einfach zu lösen sein, genauso wenig wie ein komplizierter Knoten schwer lösbar sein muss. Daher werden die Schwierigkeit, den Knoten zu binden, und die Schwierigkeit, ihn zu lösen, auch getrennt bewertet.

Die Bewertung des praktischen Nutzens fällt naturgegeben subjektiv aus. Was für den einen ein sehr praktischer Knoten ist, mag dem anderen völlig überflüssig erscheinen. Für bestimmte Situationen gibt es allerdings immer einen speziellen Knoten, der am besten geeignet ist. Andere Knoten werden in vielen Situationen als Universallösung gebunden. Die Bewertung des praktischen Nutzens soll bei der Auswahl helfen und bezieht sich auf den alltäglichen Gebrauch eines typischen Seglers. Mit den 200 Knoten in diesem Buch sind Sie für so gut wie jede Situation gewappnet.

Eine praktische Anwendung eines Zierknotens: ein Türkischer Bund als Stopper auf einem Großschot-Traveller.

Die zehn nützlichsten Knoten

Nicht jeder hat die Zeit, 20 oder gar 200 Knoten zu lernen. Tatsächlich kommen die meisten Segler bei der Bordroutine mit einer vergleichsweise kleinen Auswahl an Knoten bestens zurecht. Um jedoch die ideale Auswahl treffen zu können, sollte man so viele Knoten wie möglich üben. Mit den folgenden zehn müsste man für die meisten Fälle gerüstet sein – auch wenn bei einigen Warnhinweise bestehen.

Achtknoten (Seite 150)
Beim Achtknoten wird das lose Ende nur einmal mehr herumgeführt als beim einfachen Überhandknoten, aber das macht all den Unterschied aus. Ein Überhandknoten ist nur schwer zu lösen, der Achtknoten dagegen viel leichter. Es ist der ideale Knoten um zu verhindern, dass eine Schot durch einen Block oder eine Hebelklemme ausrauschen kann. Eine raffinierte Alternative mit noch größerer Verdickung bietet der Ashley-Stopperknoten (Seite 152).

Rundtörn mit zwei Halben Schlägen (Seite 28)
Das Arbeitspferd unter den Knoten – unspektakulär, funktioniert aber immer. Durch den Rundtörn wird die Last verteilt und die Leine geschont. Wer den Knoten noch sicherer machen möchte, kann einfach einen weiteren Halben Schlag hinzufügen oder das lose Ende an die stehende Part bändseln. Wer nur einen einzigen Knoten lernt, sollte diesen lernen.

Webeleinstek (Seite 32)
Der wahrscheinlich nützlichste und zugleich unzuverlässigste Knoten überhaupt. Einen Webeleinstek kann man um einen Pfahl, um einen Poller, an einem Ring oder um einen Sack oder Beutel binden. Man kann ihn verdoppeln, in der Bucht formen oder auf Slip legen. Zum schnellen Belegen einer Leine ist er nahezu unschlagbar, doch langfristig sollte man sich nicht auf ihn verlassen. Denn für fast jede Anwendung gibt es einen zuverlässigeren Knoten:

Binden Sie bei Festmachern einen Themse-Pfahlstek (Seite 62), bei Fenderleinen einen Rundtörn mit zwei Halben Schlägen (Seite 28) und um einen Segelsack abzubinden einen Konstriktor (Seite 38). Trotz allem ist der Webeleinstek ein sehr nützlicher Knoten, den man können sollte.

Palstek (Seite 112)
Der beste Freund des Seglers. Ein Palstek ist schnell gebunden, zuverlässig und leicht zu lösen. Zudem ist der Palstek ein äußerst vielseitiger Knoten, und die Entwicklung so vieler Varianten gründet auf seiner bestechenden Einfachheit. Andererseits behaupten manche Kritiker, ein Palstek sei nicht immer sicher. Sie mögen den Mittschiffsmann-Stek bevorzugen. Der Autor wurde jedenfalls in 40 Jahren Erfahrung noch nie von einem Palstek enttäuscht.

Stopperstek (Seite 37)

Der Stopperstek ist aus dem Webeleinstek hervorgegangen. Er hat einen zusätzlichen Törn, der ihn nicht nur zuverlässiger macht, sondern dem Knoten auch noch eine spezielle Funktion gibt: Er bekneift sich auf glatten Oberflächen. Das kann nützlich sein, um eine Leine an einer Spiere oder an einer anderen Leine anzuschlagen. Verwenden Sie ihn mit der gleichen Vorsicht wie den Webeleinstek.

Kreuzknoten oder Reffknoten (Seite 156)

Der Kreuzknoten wird seit frühester Zeit von Seglern und Künstlern gleichermaßen geliebt und nimmt einen speziellen Platz unter den altehrwürdigen Seemannsknoten ein. Zum Abbinden und auch um ein Reff in die Segel zu binden ist er die beste Lösung, doch um zwei Leinen miteinander zu verbinden ist er ungeeignet. Da sollte man den Zeppelinstek (Seite 86) vorziehen.

Zeppelinstek (Seite 86)

Wer in Versuchung gerät, beim Verbinden zweier Leinen einen Kreuzknoten zu machen, der sollte lieber diesen Knoten lernen. Der Zeppelinstek ist auf elegante Art einfach und macht seine Aufgabe hervorragend. Trotz dieser Vorzüge ist er ein relativ unbekannter Knoten, der auch dem ansonsten unfehlbaren Clifford Ashley in seinem allumfassenden *Buch der Knoten* nicht untergekommen ist.

Schotstek (Seite 80)

Dieser unscheinbare Knoten kann das Gewicht eines ganzen Schiffes halten. Seine Hauptaufgabe ist, zwei Leinen mit unterschiedlichem Durchmesser zu verbinden, doch auch er ist für zwei Leinen gleicher Stärke geeignet. Wer diesem unsicher wirkenden Knoten nicht vertraut, der sichert die Enden mit einem Bändsel – auch wenn das in Wahrheit überflüssig ist.

Fischerknoten (Seite 100)

Noch so ein vorzüglich einfacher Knoten. Wenn ein Rundtörn mit zwei Halben Schlägen nicht sicher genug ist, kann man auf den Fischerknoten, auch Englischer Knoten genannt, zählen. Wem das immer noch nicht genügt, kann nach Belieben zusätzliche Halbe Schläge zur Absicherung machen. Einziger Nachteil des Fischerknotens ist, dass er manchmal etwas schwer zu lösen ist.

Belegen auf einer Klampe (Seite 66)

Eigentlich ist dieser Knoten zu einfach, um hier aufgenommen zu werden, würde er nicht so erschreckend oft falsch gebunden werden. Eine korrekt belegte Leine hält zuverlässig und kann leicht losgeworfen werden. Es geht nicht darum, einfach nur möglichst viele Törns auf die Klampe zu legen.

Steke zum Festmachen

2

Rundtörn mit zwei Halben Schlägen

Das ist einer der nützlichsten, wenngleich auch ein eher unscheinbarer Knoten im Repertoire des Seglers. Auf einen Rundtörn mit zwei Halben Schlägen kann man sich wie auf ein gutes altes Arbeitspferd verlassen, egal ob an Land oder auf See oder sogar in der Luft. Er ist außerdem einer der ältesten Knoten, und wer nur einen einzigen Knoten lernt, sollte diesen lernen.

Manche Dinge sind so einfach, dass wir sie für selbstverständlich halten, wie Fahrrad zu fahren oder eine Tasse Tee zuzubereiten oder – für einen Segler – einen Rundtörn mit zwei Halben Schlägen zu binden. Doch wer noch nie Fahrrad gefahren ist oder nie Tee trinkt oder sich das erste Mal mit Knoten beschäftigt, für den ist eine solche Aufgabe auf einmal nicht so einfach.

Beim Rundtörn mit zwei Halben Schlägen kommt es darauf an, immer in derselben Richtung weiterzumachen. Ob nun der erste Halbe Schlag im Uhrzeigersinn oder gegen den Uhrzeigersinn um die stehende Part gelegt wird, der zweite Halbe Schlag wird in derselben Richtung wie der erste gemacht. Das ist alles.

Man kann sich den Knoten als Webeleinstek um die stehende Part vorstellen. Auch beim Webeleinstek kommt es darauf an, die Törns in derselben Richtung fortzuführen.

Trotz seiner Einfachheit hat der Knoten begeisterte Anhänger gefunden. Ashley zitiert dazu Admiral Stephen Luce, Begründer des Naval War College in Newport, Rhode Island: »Zwei Halbe Schläge werden nie von allein aufgehen.« Aus anderer, anonymer Quelle heißt es: »Zwei Halbe Schläge retteten ein Schiff Ihrer Majestät, zusammen mit einem Rundtörn, der die Last verteilt, ist der Knoten sogar noch besser.«

Soll man jemals noch einen dritten Halben Schlag machen, nur um ganz sicher zu gehen? Admiral Smyth sagt dazu: »Drei Halbe Schläge sind selbst für die Yacht des Königs zu viel, aber keiner wird es ihm verraten, wenn du drei machst!«

1 Legen Sie einen Törn um den Befestigungspunkt – hier ist es eine waagerechte Stange.

Bewertung

Stärke

Sicherheit

Schwierigkeit zu binden

Schwierigkeit zu lösen

Praktischer Nutzen

2 Legen Sie einen zweiten Törn. Das verteilt die Last, vermindert die Abnutzung und bietet der Leine mehr Halt.

3 Führen Sie das lose Ende über die stehende Part und stecken Sie es zwischen den beiden Parten durch, um den ersten Halben Schlag zu machen.

4 Wiederholen Sie den letzten Schritt für den zweiten Halben Schlag. Ziehen Sie den Knoten fest, indem Sie die stehende Part unter Spannung halten und die Halben Schläge eng an die Stange schieben.

Rundtörn mit zwei Halben Schlägen, beigebändselt

Mit Naturfasertauwerk gebunden, hält ein Rundtörn mit zwei Halben Schlägen eine Ewigkeit und länger. Kunstfasertauwerk dagegen ist viel glatter, sodass man für langfristige Anwendungen das lose Ende beibändseln sollte. Mehr über Bändsel auf Seite 254.

Bewertung

Stärke
Sicherheit
Schwierigkeit zu binden
Schwierigkeit zu lösen
Praktischer Nutzen

1 Machen Sie einen Rundtörn mit zwei Halben Schlägen wie oben beschrieben. Ziehen Sie den Knoten gut fest.

2 Legen Sie das lose Ende neben die stehende Part und umwickeln beide mit etwas Takelgarn. Sichern Sie das Bändsel gut, natürlich wieder mit einem Rundtörn mit zwei Halben Schlägen!

Rundtörn mit Gordingstek

Ein Rundtörn mit Gordingstek ähnelt dem Rundtörn mit zwei Halben Schlägen. Der entscheidende Unterschied ist, dass die beiden Halben Schläge in die andere Richtung gemacht werden. Dadurch bekneift sich das lose Ende so fest, dass der Knoten nur sehr schwer lösbar ist.

Bewertung

Stärke
Sicherheit
Schwierigkeit zu binden
Schwierigkeit zu lösen
Praktischer Nutzen

1 Führen Sie das lose Ende um die Stange oder durch den Ring – meist wird es eine Spiere oder ein Ring für Festmacher sein.

2 Legen Sie das lose Ende noch einmal herum wie bei einem Rundtörn mit zwei Halben Schlägen.

3 Führen Sie das lose Ende über die stehende Part und hinter dem Knoten herum.

4 Stecken Sie das lose Ende zwischen der stehenden Part und dem ersten Halben Schlag durch, um den zweiten Halben Schlag zu bilden. Ziehen Sie den Knoten fest und schieben ihn bis ganz an die Stange oder den Ring.

Knoten-Know-how

Von den Rahen der Großsegler hingen die Gordings in Lee der Segel herab. Mit ihnen wurden die Segel zum Stauen an die Rahen gebunden. Die restliche Zeit schlugen sie frei im Wind und mussten daher mit einem sehr zuverlässigen Knoten befestigt sein, eben dem Gordingstek. Im Prinzip ähnelt er auch dem Krawattenknoten.

Innomi-Knoten

Mit diesem Knoten wurden während des Zweiten Weltkriegs im Pazifik Flugzeuge verzurrt. Sein ungewöhnlicher Name leitet sich vom lateinischen »innominatus« ab, was so viel bedeutet wie »ohne Namen«. Er ist leicht im Dunkeln zu binden und kann unter Spannung schnell gelöst werden. Genauso wie Flugzeuge kann damit auch ein Dingi festgemacht werden.

Bewertung
Stärke
Sicherheit
Schwierigkeit zu binden
Schwierigkeit zu lösen
Praktischer Nutzen

1 Führen Sie die Leine um den Befestigungspunkt herum. Um ein Flugzeug zu verzurren, muss man einen sehr starken Befestigungspunkt wählen!

2 Verdrehen Sie die Bucht zu einem Auge.

3 Verdrehen Sie das Auge weiter und führen Sie das lose Ende um die stehende Part herum.

4 Formen Sie mit dem losen Ende eine Bucht und stecken Sie sie durch das Auge.

5 Richten Sie den Knoten so aus, dass eine Zugschlaufe entsteht, und ziehen Sie ihn fest.

Webeleinstek

Den Webeleinstek kann man mit Tauwerk jeglicher Stärke binden und ihn an nahezu jedem Gegenstand festmachen. Er kann in der Bucht gebunden werden, einhändig, in der Luft und sogar mit geschlossenen Augen. Er gilt als einer der einfachsten und vielseitigsten Knoten überhaupt und wird im Prinzip auch aus zwei Halben Schlägen gebildet. Doch einen Nachteil hat der Webeleinstek: Er ist nicht hundertprozentig sicher – Anwendung auf eigene Gefahr.

Bewertung

Stärke
Sicherheit
Schwierigkeit zu binden
Schwierigkeit zu lösen
Praktischer Nutzen

Vor wenigen Jahrhunderten hieß der Webeleinstek noch »Baumeisterknoten«, was uns daran erinnert, wie lange es die meisten Knoten bereits gibt und wie oft sie wahrscheinlich immer wieder neu erfunden wurden.

Es ist nicht schwer zu verstehen, warum der Webeleinstek so erfolgreich ist. Er ist der einfachste Knoten, den man blind machen kann, sobald man ihn einmal erlernt hat, und er kann in unzähligen Situationen verwendet werden. In der Bucht gebunden (Seite 34), kann er blitzschnell über einen Poller gelegt und sofort belastet werden. Auf Slip gelegt (Seite gegenüber), lässt er sich ganz leicht lösen. Als »explodierender« Knoten (Seite 35) löst er sich sogar mit einem Zug in Luft auf.

Seine größten Vorteile hat der Webeleinstek aber beim Verschnüren von Paketen oder dem Befestigen der Webeleinen an den Wanten. Selbst wenn die Leine auf einer Seite bricht, hält der Webeleinstek immer noch alles zusammen.

Doch muss vor dem Webeleinstek auch gewarnt werden. Gerade weil er so einfach zu binden und so schnell einsetzbar ist, wird er für alles Mögliche verwendet. In neun von zehn Fällen hält er, doch dann, wenn es gerade besonders darauf ankommt, kann er versagen. Ein Dingi löst sich und driftet davon oder ein Fender fällt von der Reling ins Wasser. Der Grund für solches Versagen ist meist zu viel ruckartige Belastung bei einem Festmacher oder Zug aus einem ungünstigen Winkel. Wer immer wieder an einem Webeleinstek zieht, kann ihn lockern und die Leine schließlich lösen.

Nutzen Sie die Vielseitigkeit des Webeleinsteks, aber vertrauen Sie bei langfristigen Befestigungen lieber einem anderen Knoten. Und hängen Sie Fender ausschließlich mit einem Rundtörn und zwei Halben Schlägen an die Reling.

1 Legen Sie einen Törn um die Stange, die Spiere, den Ring oder einen anderen Befestigungspunkt und führen Sie das lose Ende über die stehende Part.

Webeleinstek auf Slip

Der Webeleinstek ist ideal für schnelles und kurzfristiges Festmachen. Mit einer Zugschlaufe auf Slip gelegt, kann er sogar noch schneller gelöst werden, wenn man einmal rasch ablegen muss. Der Webeleinstek kann auch mit einer doppelt genommenen Leine gemacht werden, kann dann aber nicht mehr auf diese Art auf Slip gelegt werden.

Bewertung

Stärke
Sicherheit
Schwierigkeit zu binden
Schwierigkeit zu lösen
Praktischer Nutzen

1 Machen Sie einen Webeleinstek wie üblich, stecken Sie aber zum Abschluss eine Bucht aus dem losen Ende durch und ziehen Sie sie fest.

2 Bringen Sie die Zugschlaufe in die gewünschte Größe und ziehen Sie dann den gesamten Knoten fest, ohne dabei jedoch die Zugschlaufe herauszuziehen. Zum Lösen genügt ein kurzer Ruck am Ende!

2 Führen Sie das lose Ende in derselben Richtung weiter herum und stecken Sie es unter sich selbst durch.

3 Ziehen Sie die Enden der Leine in entgegengesetzte Richtungen, um den Knoten zu festigen.

Webeleinstek in der Bucht

In kritischen Situationen ist der Webeleinstek in der Bucht der schnellste Knoten, um ein auf den Wellen tanzendes Boot oder ein bockiges Wildpferd zu bändigen. Früher konnten Seemänner und Cowboys eine Leine so durch die Luft werfen, dass sie mit einem Webeleinstek über einem Pfosten landete.

Bewertung

Stärke
Sicherheit
Schwierigkeit zu binden
Schwierigkeit zu lösen
Praktischer Nutzen

1 Der Ausdruck »Bucht« steht hier für einen beliebigen Abschnitt der Leine, abgesehen von den Enden.

2 Legen Sie ein Auge in die Bucht, es kann überhand oder unterhand gemacht werden.

3 Legen Sie ein zweites, gleichgeformtes Auge in die Leine, direkt neben dem ersten.

4 Legen Sie das erste Auge über das zweite und dann beide über einen Befestigungspunkt. Ziehen Sie den Knoten an den Enden fest.

Knoten-Know-how

Die vielen Methoden, einen Webeleinstek zu binden, sind ein Indiz dafür, wie lange es diesen Knoten bereits gibt. Es gibt Einhand-Methoden, Zwei-Hand-Verdrehungen, eine Haken-Methode und sogar eine Zwei-Finger-Variante. Die vier hier gezeigten Methoden (Seiten 32–35) sollten jedoch für die meisten Situationen ausreichen – zumindest bis man sich entschließt, Profisegler oder Cowboy zu werden.

Explodierender Webeleinstek

Diese interessante Variante des Webeleinsteks ist vergleichsweise neu. Erstmals wurde sie 1999 in einem amerikanischen Yachtmagazin gezeigt. Das Besondere ist, dass der Knoten nach einem Ruck an der Zugschlaufe gänzlich auseinanderfällt, und es bleibt nichts übrig, was man aufbinden müsste. Ob er aber die Zeit ebenso lange überstehen wird wie der normale Webeleinstek, wird sich noch erweisen müssen.

Bewertung

- Stärke
- Sicherheit
- Schwierigkeit zu binden
- Schwierigkeit zu lösen
- Praktischer Nutzen

1 Führen Sie das lose Ende um den Befestigungspunkt herum.

2 Legen Sie zwei Augen überhand in die stehende Part, um einen Webeleinstek zu formen.

3 Stecken Sie eine Bucht aus dem losen Ende erst durch ein Auge …

4 … und dann durch das andere Auge. Beachten Sie, wie sich der Knoten an der stehenden Part aufbaut.

5 Richten Sie die Zugschlaufe in die gewünschte Größe und ziehen Sie den Knoten fest. Ein Zug am kurzen Ende lässt den Knoten auseinanderfallen.

Kamelstek

Ein Webeleinstek ist schön und gut, was aber macht man bei seitlichem Zug der Leine an einer Befestigung, beispielsweise wenn eine Spiere hochgehoben oder ein Stammstück durchs Wasser geschleppt werden soll? Hier muss der Kamelstek als perfekte Lösung genannt werden, einer der besten bis heute erfundenen Reibungsknoten.

Bewertung

- Stärke
- Sicherheit
- Schwierigkeit zu binden
- Schwierigkeit zu lösen
- Praktischer Nutzen

1 Legen Sie mindestens zwei oder drei Törns um den Gegenstand, je nachdem, wie glatt seine Oberfläche ist.

2 Hier wurden drei Törns gelegt und das lose Ende wurde über die stehende Part gekreuzt.

3 Führen Sie dann das lose Ende in der anderen Richtung um den Gegenstand herum und stecken Sie das Ende unter sich selbst durch.

4 Führen Sie das lose Ende noch einmal um den Gegenstand herum und stecken das Ende erneut unter sich selbst durch, um einen Webeleinstek zu bilden.

5 Ziehen Sie den Knoten fest. Achten Sie darauf, das lose Ende lang genug zu lassen, falls der Knoten unter Last verrutschen sollte.

Stopperstek

Der Stopperstek ist eine weitere Variante des Webeleinsteks, die für seitlichen Zug geeignet ist. Er ist jedoch wesentlich leichter zu binden als der Kamelstek. Üblicherweise wird mit diesem Knoten eine dünne Leine an eine stärkere gebunden, z. B. eine Dingileine an eine dicke Muringleine oder eine Flaggleine an die Wanten. Es ist ein praktischer Knoten, fast so vielseitig wie der Webeleinstek, aber sicherer.

Bewertung

Stärke
Sicherheit
Schwierigkeit zu binden
Schwierigkeit zu lösen
Praktischer Nutzen

1 Führen Sie das lose Ende gegen die Zugrichtung um die Stange oder den Ring herum.

2 Legen Sie einen weiteren Törn auf derselben Seite der stehenden Part in derselben Richtung um den Befestigungspunkt herum.

3 Der dritte Törn wird jetzt in dieselbe Richtung, aber auf die andere Seite der stehenden Part geführt. Stecken Sie das lose Ende unter sich selbst durch.

Knoten-Know-how

Bis zum Jahre 1841 nannte man einen Stopperstek »Magnusstek«, während zwei Rundtörns mit zwei Halben Schlägen als »Stopperstek« bezeichnet wurden. Ab diesem Jahr änderte sich die Namensgebung durch das Werk *A Seaman's Friend* von R. H. Dana. Wer Magnus war, ist nicht bekannt, wenn es ihn wirklich gab, wäre es einer der seltenen Fälle, in denen ein Knoten nach einer Person benannt wurde.

4 Ziehen Sie die stehenden Part und das lose Ende in entgegengesetzte Richtungen, um den Knoten zu festigen.

Konstriktor oder Würgestek

Trotz der großen Beliebtheit des Webeleinsteks mit seinen zahlreichen Varianten gibt es für viele Situationen eine bessere Lösung. Dazu zählt der Konstriktor, er ist nur ein klein wenig komplizierter als der Webeleinstek, hält aber unendlich viel sicherer. Er ist sogar so sicher, dass er manchmal nicht mehr gelöst werden kann und aufgeschnitten werden muss. Auch beim Konstriktor gibt es verschiedene Arten, ihn zu binden.

Ein Knoten, den Chirurgen schon vor 2000 Jahren gelernt haben, muss etwas ganz Besonderes sein. Der Konstriktor ist einer der 16 Knoten, die der griechische Arzt Heraklas im ersten Jahrhundert nach Christus beschrieben hat. Neben der Chirurgie kann dieser Knoten in vielen Bereichen eingesetzt werden, denn er bildet eine der stärksten Schlingen, um etwas abzubinden oder zu fixieren, wie beispielsweise ein Stück Holz, das man bearbeiten möchte. Auch als behelfsmäßige Schlauchschelle oder Kabelbinder ist der Konstriktor einsetzbar, öfter bindet man damit aber einen Sack oder Beutel zu.

Mit dünnem Takelgarn und einem Konstriktor kann man das Ende einer Leine schnell abbinden, damit es nicht aufdröseln kann, bevor man einen richtigen Takling aufbringt (Seite 244). Ein Konstriktor hält besser als ein Kreuzknoten oder ein Würgeknoten, die als Alternative in Frage kommen könnten.

Dr. Harry Asher untersuchte den Konstriktor im Jahre 1986 in seinem Werk *Law of Loop, Hitch & Bight*. Er bewies, dass Knoten, die ohne ihren Befestigungspunkt auseinanderfallen (wie der Konstriktor), immer in der Bucht gebunden werden können, während Knoten, die man von Hand aufknoten muss, nachdem man sie von ihrem Befestigungspunkt abgenommen hatte, nicht in der Bucht gebunden werden können. Verblüffend, aber wahr.

1 Führen Sie das lose Ende um den Gegenstand herum, der abgebunden werden soll – ein Seil, eine Tasche, ein Schlauch, ein Körperteil oder was auch immer.

Bewertung

Stärke
Sicherheit
Schwierigkeit zu binden
Schwierigkeit zu lösen
Praktischer Nutzen

2 Kreuzen Sie mit dem losen Ende diagonal über die stehende Part und führen Sie es erneut um den Gegenstand herum.

3 Führen Sie jetzt das lose Ende über die stehende Part und stecken Sie es unter beiden Törns durch.

4 Ziehen Sie das lose Ende ganz durch und ziehen Sie den Knoten fest. Bei dünnem Garn wickelt man die Enden um einen geeigneten Gegenstand (z. B. zwei Bolzen), um besser anziehen zu können.

Konstriktor oder Würgestek auf Slip

Den unnachgiebigen Konstriktor kann man durch eine einfache Zugschlaufe entschärfen. Er hält dann immer noch besser als ein Webeleinstek, aber man braucht kein Messer, um ihn zu lösen. Ist das der perfekte Kompromiss?

Bewertung

Stärke
Sicherheit
Schwierigkeit zu binden
Schwierigkeit zu lösen
Praktischer Nutzen

1 Binden Sie einen Konstriktor wie oben beschrieben. Nachdem Sie das lose Ende unter dem ersten Törn durchgesteckt haben, formen Sie mit ihm eine Bucht.

2 Stecken Sie diese Bucht unter dem verbliebenen Törn durch, um die Zugschlaufe zu bilden. Richten Sie die Zugschlaufe in die gewünschte Größe und ziehen Sie den Knoten fest.

Doppelter Konstriktor oder Würgestek

Sogar der starke Konstriktor kann einmal verrutschen, besonders bei glatten Leinen oder gewachstem Takelgarn. Ein zusätzlicher Törn um die stehende Part erhöht die Haltekraft. Doch sollte man niemals mehr Törns machen. Sie würden es nur erschweren, den Knoten gleichmäßig festzuziehen.

Bewertung

- Stärke
- Sicherheit
- Schwierigkeit zu binden
- Schwierigkeit zu lösen
- Praktischer Nutzen

1 Legen Sie einen Törn um den Gegenstand und führen Sie das lose Ende diagonal über die stehende Part.

2 Machen Sie einen zweiten Törn um den Gegenstand, kreuzen Sie erneut über die stehende Part genau parallel zum ersten diagonalen Törn.

3 Führen Sie das lose Ende ein drittes Mal um den Gegenstand, kreuzen Sie diesmal aber von der anderen Seite über die stehende Part. Stecken Sie das lose Ende unter beiden diagonalen sowie unter dem ersten Törn durch.

4 Ziehen Sie die stehende Part und das lose Ende in entgegengesetzte Richtungen, um den Knoten zu festigen.

Knoten-Know-how

Clifford Ashley gab dem Konstriktor seinen Namen im Jahre 1944, aber der Knoten ist viel älter. Tom Bowlings erwähnt 1866 in seinem Werk *Book of Knots* einen »gunner's knot« und vergleicht ihn mit dem Baumeisterknoten (Webeleinstek). Er schreibt: »Der einzige Unterschied ist, dass die Enden unter dem Auge durchgeführt sind, das sie überkreuzt.« Also ein Konstriktorknoten mit anderem Namen.

Konstriktor oder Würgestek in der Bucht

Warum bindet man überhaupt einen Knoten in der Bucht und verwendet nicht die Enden der Leine? Die Antwort ist, dass es meistens schneller geht. Außerdem sieht es eindrucksvoll aus – sofern der Knoten dann auch gelingt!

Bewertung

Stärke

Sicherheit

Schwierigkeit zu binden

Schwierigkeit zu lösen

Praktischer Nutzen

1 Legen Sie eine Bucht um den Gegenstand, der abgebunden werden soll.

2 Lassen Sie eine Part über die andere kreuzen, sodass ein Auge entsteht.

3 Ziehen Sie eine Bucht aus der untenliegenden Part und führen Sie sie über die andere Part nach oben.

4 Verdrehen Sie die Bucht zu einem Auge und stülpen Sie sie über den Gegenstand.

5 Ziehen Sie beide Parten in entgegengesetzte Richtungen, um den Knoten zu festigen.

Würgeknoten

Das ist eine Alternative zum Konstriktor mit dem Vorteil, dass der Knoten flacher aufliegt, sobald er festgezogen ist. Der Würgeknoten ist nicht so vielseitig wie der Konstriktor oder der Webeleinstek und kann nicht in der Bucht gebunden werden, doch er sieht hübsch aus. Verwenden Sie ihn, um das Ende einer Leine abzubinden, damit es sich nicht aufdröseln kann, oder um einen Sack oder Beutel zuzubinden.

Bewertung

Stärke

Sicherheit

Schwierigkeit zu binden

Schwierigkeit zu lösen

Praktischer Nutzen

1 Legen Sie einen Törn um den Gegenstand, der abgebunden werden soll, und führen Sie das lose Ende diagonal über die stehende Part.

2 Machen Sie einen zweiten Törn und führen Sie das lose Ende erneut über die stehende Part.

3 Stecken Sie das lose Ende unter beiden Törns durch – im Grunde entsteht dadurch ein doppelter Überhandknoten.

4 Ziehen Sie die stehende Part und das lose Ende in entgegengesetzte Richtungen fest. Zum leichten Lösen kann auch eine Zugschlaufe dienen.

Grundleinenstek oder Feldwache-Leinenstek

Bewertung

Stärke

Sicherheit

Schwierigkeit zu binden

Schwierigkeit zu lösen

Praktischer Nutzen

Groß ist der Unterschied zwischen dem Grundleinenstek, auch Feldwache-Leinenstek genannt, und dem Webeleinstek nicht – aber der Grundleinenstek ist wesentlich sicherer. Genau wie beim Webeleinstek ist auch dieser Knoten nach großer Belastung schwer zu lösen. Doch für viele Anwendungen ist der Grundleinenstek der bessere Knoten.

1 Führen Sie die Leine um den Befestigungspunkt herum – meist eine dicke Leine oder ein Draht oder auch ein Stoffbeutel.

2 Legen Sie einen Törn um den Befestigungspunkt genau wie bei einem Webeleinstek.

3 Führen Sie das lose Ende diagonal über die stehende Part und noch einmal um den Befestigungspunkt herum.

Knoten-Know-how

Die Kabeljaufischer verwendeten den Grundleinenstek, um die dünnen Vorlaufleinen an die Grundleinen zu binden. Danach erst wurden die Haken an den Vorlaufleinen befestigt und beködert. In der amerikanischen Kavallerie wurden Pferde mit diesem Knoten über Nacht an einer Leine angebunden.

4 Führen Sie das lose Ende über sich selbst und stecken Sie es unter dem ersten Törn durch. Ziehen Sie den Knoten fest. An dieser Stelle kann auch eine Zugschlaufe eingesetzt werden, die aus dem Grundleinenstek einen Slipknoten macht.

Osselstek

Diesen Knoten bevorzugten die schottischen Fischer bei ihren Stell- und Treibnetzen, die sie auf See ausbrachten. Es musste ein Knoten sein, der sich bei der ständigen Bewegung unter Wasser nicht lösen würde, und doch musste er schnell zu machen sein, denn Hunderte dieser Knoten wurden an die Netze gebunden. Der Osselstek war die Lösung.

Bewertung

Stärke
Sicherheit
Schwierigkeit zu binden
Schwierigkeit zu lösen
Praktischer Nutzen

1 Legen Sie das lose Ende um den Befestigungspunkt – bei einem Stellnetz wäre es die Kopfleine (siehe Knoten-Know-how).

2 Machen Sie einen Törn und führen Sie das lose Ende um die stehende Part herum zurück.

3 Legen Sie einen weiteren Törn um den Befestigungspunkt, diesmal aber in die andere Richtung.

4 Führen Sie das lose Ende über sich selbst und stecken Sie es unter dem ersten Törn durch. Ziehen Sie den Knoten fest.

Knoten-Know-how

»Ossel« oder »Norsel« werden die Zeisinge genannt, die das Netz mit der oberen Reep oder Kopfleine verbinden. So kann das Netz in einer bestimmten Höhe unter der Wasseroberfläche hängen. Der Osselstek kann immer dann angewendet werden, wenn eine dünne Leine an eine dickere geknotet werden muss.

Osselknoten oder Netzleinenknoten

Auch hier handelt es sich um einen Stek der Treibnetzfischer. Er ähnelt mehr dem Grundleinenstek als dem Osselstek, und ihn zu binden beansprucht im Vergleich zu den beiden etwas mehr Zeit. Dafür hält er noch besser und sollte angewendet werden, wenn die Befestigung nicht verrutschen darf.

Bewertung

Stärke

Sicherheit

Schwierigkeit zu binden

Schwierigkeit zu lösen

Praktischer Nutzen

1 Legen Sie einen Törn um die Stange oder Spiere und führen Sie das lose Ende diagonal über die stehende Part.

2 Legen Sie einen zweiten diagonalen Törn in derselben Richtung neben den ersten.

3 Machen Sie jetzt einen dritten Törn, aber auf der anderen Seite der stehenden Part.

4 Führen Sie das lose Ende über sich selbst und die beiden diagonalen Törns und stecken Sie es unter dem ersten Törn durch.

Roringstek oder Fischerstek

Eigentlich handelt es sich beim Roringstek, auch als Fischerstek oder Ankerstek bekannt, um eine Verbesserung des Rundtörns mit zwei Halben Schlägen. Der erste Halbe Schlag hält besser, weil ihn der Rundtörn bekneift. Verwenden Sie diesen Knoten als besonders sichere Befestigung z. B. einer Ankerleine am Anker und bändseln Sie das Ende an die stehende Part, um noch ruhiger schlafen zu können.

Bewertung

Stärke
Sicherheit
Schwierigkeit zu binden
Schwierigkeit zu lösen
Praktischer Nutzen

1 Legen Sie das lose Ende zwei Mal um den Befestigungspunkt, um einen kompletten Rundtörn zu bilden.

2 Führen Sie das lose Ende um die stehende Part und stecken Sie es durch den Rundtörn.

3 Führen Sie das lose Ende erneut um die stehende Part und stecken Sie es unter sich selbst durch, um einen Halben Schlag zu bilden.

4 Ziehen Sie den Knoten fest, sodass die Halben Schläge eng am Befestigungspunkt liegen.

Roringstek oder Fischerstek mit Palstek

Bewertung

Stärke

Sicherheit

Schwierigkeit zu binden

Schwierigkeit zu lösen

Praktischer Nutzen

Wer dachte, mit dem Roringstek sei das Ende der Fahnenstange erreicht, der irrt. Hier kommt er in der Version 2.0. Eigentlich ist es derselbe Knoten, aber mit einem Palstek (Seite 112) zum Abschluss anstelle eines Bändsels.

1 Führen Sie das lose Ende um die Stange oder durch den Ring. Beachten Sie die unterschiedliche Perspektive der Abbildung im Vergleich zum zuvor gezeigten Roringstek.

2 Legen Sie das lose Ende noch einmal herum, um einen kompletten Rundtörn zu bilden.

3 Führen Sie das lose Ende um die stehende Part und stecken Sie es durch den Rundtörn.

4 Legen Sie ein Auge unterhand in die stehende Part anstelle des zweiten Halben Schlags und stecken Sie das lose Ende von oben durch das Auge.

5 Führen Sie das lose Ende über und um die stehende Part herum und stecken Sie es von unten zurück durch das Auge, um einen Palstek zu bilden. Ziehen Sie den Knoten fest.

Marlinstek

In manchen Situationen ist alles, was man braucht, ein einfacher, schneller Knoten für eine kurzfristige Befestigung. Viel einfacher und schneller als mit dem Marlinstek geht es nicht. Verwenden Sie ihn als Überkreuzungsknoten (siehe Knoten-Know-how) und zusammen mit einem Marlspieker, um einen anderen Knoten festzuziehen, bedenken Sie aber, dass der Marlinstek nur unter Spannung hält.

Bewertung

Stärke

Sicherheit

Schwierigkeit zu binden

Schwierigkeit zu lösen

Praktischer Nutzen

1 Legen Sie ein Auge unterhand.

2 Legen Sie das Auge über die stehende Part, ohne es zu verändern.

3 Stecken Sie die Stange oder den Marlspieker unter der stehenden Part innerhalb des Auges durch.

4 Ziehen Sie den Knoten an beiden Enden fest.

Knoten-Know-how

Es mag seltsam erscheinen, Knoten zu verwenden, die nur unter Spannung halten, doch viele Überkreuzungsknoten funktionieren nach diesem Prinzip. Sie haben zahlreiche Verwendungsmöglichkeiten wie zum Verschnüren von Paketen, Aufstellen von Absperrungen und Zäunen und sogar Knüpfen von Leitern. Meist werden an den Enden der Leine sichere Knoten zur Befestigung benötigt, an den Punkten dazwischen aber einfache und leicht verstellbare Knoten.

Kuhstek

Der Kuhsteck kann bei richtiger Verwendung sehr nützlich sein, obwohl auch er ein Knoten ist, der nur unter Spannung hält. Auf einem Schiff wird er an den Jungfern eingesetzt, aber ebenso für Bändsel und Zeisinge. Diesen Knoten verwendet man auch für Namensschilder an Gepäckstücken, dort wird er allerdings in der Bucht gebunden und Schlingstek oder Anhängerknoten genannt.

Bewertung

- Stärke
- Sicherheit
- Schwierigkeit zu binden
- Schwierigkeit zu lösen
- Praktischer Nutzen

1 Legen Sie das lose Ende um den Befestigungspunkt.

2 Führen Sie das lose Ende über die stehende Part herum.

3 Führen Sie das lose Ende in der anderen Richtung um den Befestigungspunkt herum und stecken Sie es unter sich selbst durch.

4 Ziehen Sie an beiden Parten, um den Knoten zu festigen. Der Kuhstek hält nur, wenn beide Parten unter Spannung stehen.

Querholzknoten

Ein sicherer Knoten, um zwei Stangen oder Leinen im rechten Winkel zu verbinden. Er kann als einzelner Knoten eingesetzt werden, um z. B. die Stäbe eines Drachens oder Kites zusammenzuhalten, oder als eine Reihe von Knoten hintereinander in einer Leine, um hölzerne Sprossen an den Wanten zu befestigen. Wie der Konstriktor ist auch der Querholzknoten sicher, sodass er auch sehr schwer lösbar ist.

Bewertung

Stärke
Sicherheit
Schwierigkeit zu binden
Schwierigkeit zu lösen
Praktischer Nutzen

1 Legen Sie das lose Ende diagonal über die beiden Stangen, dann um die senkrechte Stange herum und wieder diagonal über beide Stangen, sodass es die stehende Part überkreuzt.

2 Legen Sie wieder einen Törn um die senkrechte Stange, jetzt aber auf der anderen Seite.

3 Führen Sie das lose Ende über die stehende Part und stecken Sie es unter den beiden ersten Törns durch.

4 Achten Sie auf genügend lange Enden, wenn eine Reihe von Querholzknoten hintereinander gemacht werden soll.

5 Ziehen Sie den Knoten fest. Bei einem einzelnen Querholzknoten können die Enden knapp abgeschnitten werden, ohne dass die Haltekraft des Knotens beeinträchtigt wird.

Knute-Stek

Manche sehr nützliche Knoten bestechen durch ihre Einfachheit. Der Knute-Stek gehört zweifelsohne dazu. Ein Stoppknoten und ein Auge, wer hätte gedacht, dass ein Knoten so einfach sein kann? Meist wird mit dem Knute-Stek ein Bändsel an einem Messer befestigt, aber auch ein Fall kann mit diesem Knoten anstelle eines Schäkels an einem Segel angeschlagen werden.

Bewertung

Stärke

Sicherheit

Schwierigkeit zu binden

Schwierigkeit zu lösen

Praktischer Nutzen

1 Binden Sie einen Stoppknoten, z. B. einen Achtknoten (Seite 150), ins Ende der Leine und formen Sie eine Bucht. Die verdoppelte Leine muss durch die Bohrung passen.

2 Stecken Sie die Bucht durch die Bohrung. Das Ende mit dem Stoppknoten muss so lang belassen werden, dass es um das Messer oder wie hier um den Marlspieker herumreicht.

3 Stecken Sie den Stoppknoten durch die Bucht.

4 Ziehen Sie den Stoppknoten ganz an die Bucht und ziehen Sie dann den Knoten fest.

Knoten-Know-how

Der Knute-Stek ist viel älter als sein Name, den bekam der Knoten nämlich erst im Jahre 1990 von dem amerikanischen Autor und Rigger Brian Toss. Doch was bedeutet er? »Knute« ist ein skandinavisches Wort, abgeleitet vom altnordischen »Canute«, und bedeutet »Knoten«. Knoten-Stek ist auch sehr treffend für einen Befestigungsstek, der mit einem Stoppknoten gemacht wird.

Leesegelstek

Auf einer modernen Yacht gibt es keine Leesegel – selbst auf den großen Rahseglern waren diese zusätzlichen Leichtwindsegel nicht selbstverständlich. Doch die Knoten, mit denen die Leesegelspieren in die Höhen der Takelage gezogen werden konnten, ohne jemanden auf den Kopf zu fallen, mussten sehr sicher halten. Man könnte solch einen Knoten ohne Weiteres auch an einem Spinnakerbaum einsetzen, wenn der Schäkel einmal versagt, oder damit eine neue Propellerwelle zum Einbau in den Motorraum ablassen. Gute Knoten sterben nie.

Bewertung

Stärke
Sicherheit
Schwierigkeit zu binden
Schwierigkeit zu lösen
Praktischer Nutzen

Viele der heute gebräuchlichen Knoten wurden an Bord der stolzen Rahsegler auf ihren Fahrten rund um den Erdball entwickelt. Gute Knoten waren dort unverzichtbar. Eine durchschnittlich getakelte Viermastbark setzte bereits über 30 Segel, inklusive der Brahmsegel. Eine tollkühne Besatzung konnte sogar noch Skysegel über den Royalsegeln und darüber sogar noch einen Mondgucker hissen. Geschichten gibt es auch von Himmelgucker-, Engelstoßer- und Wolkenkratzersegeln, die sich alle oberhalb der Oberbrahmsegel gen Himmel reckten.

Die einzige Möglichkeit, die Segelfläche nach außen anstatt nach oben zu vergrößern, bestand darin, die Rahen mit Spieren zu verlängern. So konnten kleinere Segel außen an den Rahsegeln gefahren werden. Das waren die Leesegel.

Die Spieren der meisten Segel wurden mit starken Beschlägen gehalten, aber die Leesegelspieren wurden nur bei Gebrauch angelascht. Hier kommt der Leesegelstek zum Einsatz.

Es gibt eine ganze Reihe Knoten, die nach ihrer speziellen Verwendung in der Takelage eines Großseglers benannt sind, wie der Marssegelleinenstek und der Gaffeltoppsegelfallstek. Wie viele dieser Knoten genau für solche bestimmten Anwendungen im Gebrauch waren, ist nicht bekannt. Der Marssegelleinenstek unterscheidet sich vom Leesegelstek nur durch einen zusätzlichen Törn. Ein Detail, das Ashley für absolut überflüssig hält.

Für den modernen Segler bieten diese Knoten trotzdem interessante Alternativen zu den allgegenwärtigen Kuh- und Stoppersteken und halten eine leichte Spiere aus Aluminium natürlich noch besser als die schweren Holzspieren, für die sie ursprünglich gedacht waren.

1 Legen Sie zwei Törns um die Spiere oder die Stange. (Sie stehen gerade in der Takelage? Dann halten Sie sich gut fest!)

2 Führen Sie das lose Ende um die stehende Part herum.

3 Stecken Sie das lose Ende unter den beiden Törns durch.

4 Führen Sie das lose Ende über den einen Törn und stecken es unter dem anderen Törn durch. Ziehen Sie den Knoten fest.

Gaffeltoppsegelfallstek

Das ist eine einfachere Version des Leesegelsteks ohne den abschließenden Durchstich unter dem ersten Törn. Genau wie sein sicherer Verwandter kann auch er nicht gebunden werden, wenn die stehende Part gespannt ist. Er ist jedoch ausgesprochen kompakt und schnell zu machen.

Bewertung

Stärke
Sicherheit
Schwierigkeit zu binden
Schwierigkeit zu lösen
Praktischer Nutzen

Folgen Sie der obigen Anleitung bis Punkt 3. Beachten Sie, dass das lose Ende in entgegengesetzte Richtung zur stehenden Part gezogen wird.

Marssegelleinenstek

Das ist eine Variante des Leesegelsteks mit einem zusätzlichen Törn. Theoretisch sollte der Marssegelleinenstek durch den zusätzlichen Törn besser halten und nicht auf der Spiere verrutschen können. In der Praxis mag der Extratörn die Sache nur unnötig komplizieren. Doch bei einer besonders glatten Spiere ist der Knoten sicher einen Versuch wert.

Bewertung

Stärke

Sicherheit

Schwierigkeit zu binden

Schwierigkeit zu lösen

Praktischer Nutzen

1 Legen Sie drei Törns um die Spiere. Es ist gleich, in welcher Richtung die Törns gelegt werden, sie müssen nur alle drei in derselben Richtung verlaufen.

2 Führen Sie das lose Ende um die stehende Part herum und stecken Sie es unter allen drei Törns durch.

3 Führen Sie das lose Ende über zwei Törns und stecken es unter dem nebenliegenden Törn durch.

4 Ziehen Sie den Knoten fest. Die Törns sollten auf der Seite der Spiere liegen, zu der der Knoten nicht verrutschen soll.

Pferdehändlerstek

Bewertung

- Stärke
- Sicherheit
- Schwierigkeit zu binden
- Schwierigkeit zu lösen
- Praktischer Nutzen

Dieser Knoten zählt zu den vielen der von der Internationalen Gilde der Knotenknüpfer in den letzten Jahren als »neu« veröffentlichen Knoten – obwohl es ihn zweifelsfrei schon viel längere Zeit gibt. Er sieht etwas eigen aus im Vergleich zu den einfachen und nützlichen Knoten in diesem Buch, aber er soll ausgesprochen sicher sein. Verwenden Sie ihn, um ein Dingi festzumachen oder ihren Freunden zu imponieren.

1 Legen Sie die Leine um den Befestigungspunkt – ursprünglich war das wohl der Zaun einer Pferdekoppel.

2 Machen Sie ein Überhandauge in die stehende Part.

3 Führen Sie das lose Ende im Uhrzeigersinn um das Auge herum.

4 Formen Sie eine Bucht mit dem losen Ende und führen Sie es hinter der stehenden Part herum.

5 Stecken Sie die Bucht durch das Auge. Ziehen Sie den Knoten an der stehenden Part fest. Zum Lösen genügt ein kurzer Ruck am kurzen Ende.

Zimmermannsstek

Ein praktischer Knoten, um Stangen anzuheben oder zu ziehen. Der Zimmermannsstek bekneift sich durch das Gewicht des angebundenen Gegenstands; sobald kein Zug mehr an der Leine herrscht, fällt der Knoten von selbst auseinander. Früher verwendete die Londoner Wasserschutzpolizei diesen Knoten, um Leichen aus der Themse zu fischen. Heute wird man ihn eher einsetzen, um Spieren anzuheben.

Bewertung

- Stärke
- Sicherheit
- Schwierigkeit zu binden
- Schwierigkeit zu lösen
- Praktischer Nutzen

1 Legen Sie einen Törn um die Stange oder die Leiche und führen Sie das lose Ende um die stehende Part herum.

2 Stecken Sie das lose Ende unter sich selbst durch. Die Törns sollten dem Schlag der Leine folgen, falls sie es nicht tun, führen Sie das lose Ende in der anderen Richtung um die stehende Part herum.

3 Machen Sie so viele Törns wie nötig um die stehende Part. Meistens genügen drei, aber bei glattem Tauwerk braucht man manchmal mehr Törns.

4 Ziehen Sie den Knoten am losen Ende und an der stehenden Part fest.

Knoten-Know-how

Der Zimmermannsstek wird in der Knotenliteratur häufig erwähnt. Er findet sich bei R.C. Anderson in *Manuscript on Rigging* (ca.1625). Denis Diderot beschreibt ihn in seiner *Encyclopedie* (1762) sowie David Steel in *The Elements and Practice of Rigging & Seamanship* (1794). Die Britische Admiralität zeigt ihn in ihrem *Manual of Seamanship* (1891), und Clifford Ashley lobt den Zimmermannsstek in seinem *Ashley-Buch der Knoten* (1946).

Halbsteke, beigebändselt

Gerade bei dicken Leinen kann man so viele Törns machen wie man will, der Knoten liegt nie flach auf und kann verrutschen. Die Lösung ist, das Ende der Leine mit einer dünnen Bändselleine zu fixieren. Zusammen mit einem oder zwei Halben Schlägen bildet das eine sehr sichere Befestigung, die oft verwendet wurde, um Blöcke am stehenden Gut großer Segelschiffe anzuschlagen.

Bewertung

Stärke
Sicherheit
Schwierigkeit zu binden
Schwierigkeit zu lösen
Praktischer Nutzen

1 Legen Sie das Ende der Leine auf die Spiere oder das Stag und fixieren Sie es mit einem kurzen Stück Takelgarn. Machen Sie dazu einige Törns und einen Kreuzknoten (Seite 156).

2 Legen Sie einen Törn mit dem losen Ende und stecken Sie es unter sich selbst durch, um den ersten Halben Schlag zu bilden.

3 Fügen Sie einen zweiten Halben Schlag hinzu. Der Abstand zwischen den beiden Halben Schlägen verteilt die Last und verhindert ein Verrutschen der Leine. Ziehen Sie den Knoten fest.

Killick-Stek

Hebt man einen langen Gegenstand mit einer Leine an, verhält er sich in der Luft instabil. Der Killick-Stek ist ein Zimmermannsstek mit einem Halben Schlag, der einen Gegenstand beim Anheben ausrichtet. Dieser zusätzliche Halbe Schlag verteilt auch die Last an einem unregelmäßig geformten oder kopflastigen Objekt und macht das Kranen etwas sicherer.

Bewertung

Stärke

Sicherheit

Schwierigkeit zu binden

Schwierigkeit zu lösen

Praktischer Nutzen

1 Legen Sie einen Törn um die Stange und führen Sie das lose Ende um die stehende Part herum, genau wie beim Zimmermannsstek.

2 Wickeln Sie das lose Ende um die stehende Part, in der Regel macht man drei Wicklungen, doch zwei Wicklungen können auch ausreichen.

3 Nachdem der Zimmermannsstek gebunden ist, legt man im Abstand von mindestens 0,5 Metern mit der stehenden Part einen Halben Schlag um den Gegenstand.

4 Ziehen Sie den Knoten mit der stehenden Part in die Richtung fest, in die er angehoben werden soll. Fügen Sie falls nötig weitere Halbe Schläge hinzu.

Knoten-Know-how

Ein Killik ist ein Behelfsanker aus Holz und Stein oder nur aus zusammengebundenen Steinen. Wie ein Killick genau gemacht wurde, ist unklar, aber er wurde mit dem Killick-Stek mit der Ankertrosse verbunden. Dieser Knoten sorgte für eine gute Lastverteilung und eine bessere Ausrichtung.

Hebestek

Viele Wege führen zum Ziel und es gibt sicherlich viele Möglichkeiten, eine Stange anzuheben. Als Alternative zu Zimmermannsstek und Killick-Stek kann der einfache und wirksame Hebestek verwendet werden. Gerade bei lackierten oder metallenen Spieren verhindern die vielen Törns ein Verrutschen des Knotens. Außerdem kann er schnell gelöst werden und sieht gut aus – das ist schließlich auch wichtig.

Bewertung

Stärke
Sicherheit
Schwierigkeit zu binden
Schwierigkeit zu lösen
Praktischer Nutzen

1 Wickeln Sie das lose Ende eng um den Gegenstand, der angehoben werden soll. Sechs bis acht Wicklungen sollten genügen.

2 Führen Sie das lose Ende erst über, dann unter der stehenden Part durch.

3 Legen Sie noch einen Törn um den Gegenstand und sichern Sie den Knoten zum Abschluss mit einem Halben Schlag.

4 Ziehen Sie den Knoten fest und vergewissern Sie sich dabei, dass die Wicklungen eng nebeneinander liegen.

Queen-Clara-Stek

Dr. Harry Asher hat im Jahre 1986 drei Knoten mit dem Namen »Clara« veröffentlicht: Clinging Clara, Queen Clara und Great Queen Clara. Alle waren dazu bestimmt, an Spieren oder dicken Tauen angebracht zu werden. Der Queen Clara war eine Weiterentwicklung des Clinging Clara und gilt als stärker und sicherer. Ob sich diese Knoten durchsetzen werden, bleibt abzuwarten.

Bewertung

Stärke
Sicherheit
Schwierigkeit zu binden
Schwierigkeit zu lösen
Praktischer Nutzen

1 Legen Sie zwei Törns um die Spiere oder die Leine. Bei einer geschlagenen Leine müssen die Törns mit dem Schlag gelegt werden.

2 Führen Sie das lose Ende über beide Törns und in der anderen Richtung unter der Spiere oder Leine herum.

3 Führen Sie das lose Ende über den ersten Törn und weiter gegen den Schlag der Leine unter dem zweiten Törn durch.

4 Ziehen Sie den Knoten fest. Idealerweise kommen die ersten beiden Törns zwischen den Kardeelen der Leine zu liegen.

Knoten-Know-how

Laufend werden neue Knoten erfunden, obwohl es sich bei den meisten um eine Kopie oder Variante eines alten Knotens handelt. Harry Asher war jedoch wirklich innovativ, sein Werk *Alternative Book of Knots* enthält zahlreiche Neuentwicklungen inklusive den drei Clara-Knoten, dem Simple Simon (Seite 92) sowie dem Vice Versa (obwohl auch der als Variante eines älteren Knotens gilt).

Great Queen-Clara-Stek

Die Vielzahl der Törns beim Großen Queen-Clara-Stek sollen einem seitlichen Zug speziell an einer glatt lackierten oder metallenen Stange widerstehen. Dieser Knoten wurde von seinem Erfinder, Dr. Asher, auf der Londoner Bootsmesse im Jahre 1986 vorgeführt. Er bekneift sich sogar am dünner werdenden Ende eines Billardqueues. Alle Achtung!

Bewertung

- Stärke
- Sicherheit
- Schwierigkeit zu binden
- Schwierigkeit zu lösen
- Praktischer Nutzen

1 Legen Sie mit der stehenden Part einen Törn um die Stange, belassen Sie ausreichend Länge im losen Ende.

2 Fahren Sie mit der Umwicklung fort; es wird empfohlen, mindestens sechs Törns zu machen.

3 Befindet sich der Knoten nahe am Ende der Stange, dann stecken Sie das lose Ende unter dem vorletzten Törn durch.

4 Verdrehen Sie die entstandene Bucht zu einem Überhandauge und stülpen Sie es über das Ende der Stange. Ziehen Sie den Knoten fest.

5 Befindet sich der Knoten nicht nahe an einem der Enden der Stange, führen Sie nach Punkt 2 das lose Ende in die entgegengesetzte Richtung zu den ersten Törns um die Stange herum. Führen Sie es dann über sich selbst und stecken es unter dem vorletzten Törn durch.

Themse-Pfahlstek

Klampen sind für Weichlinge! Die Seeleute auf den Arbeitsbooten haben bestimmt seit Generationen so gedacht. Ihnen genügte ein Poller oder eine Beting und sie hatten einige praktische Knoten, um eine Leine daran zu belegen. Heute hat man überall Klampen, aber die alten Knoten sind immer noch von Nutzen – zumindest um einen Festmacher an einem Dalben oder einem Pfosten am Kai festzumachen.

Bewertung

Stärke
Sicherheit
Schwierigkeit zu binden
Schwierigkeit zu lösen
Praktischer Nutzen

Klampen auf einer Yacht sind eine relative neue Erfindung. Jahrhundertelang begnügte man sich mit einem durch das Deck gesteckten Poller, um Festmacher und Schleppleinen zu belegen. Die meisten Kaianlagen haben auch heute einzelne Poller im Gegensatz zu den praktischen Klampen, wie wir sie in vielen Marinas vorfinden.

Die Festmacher der Frachtschiffe haben meist ein eingespleißtes Auge, um sie über einen Poller legen zu können, während viele größere Yachten eine Kette durch ein Auge am Ende ihrer Festmacher führen. Für kleinere Yachten genügt in der Regel ein Palstek (Seite 112).

Der Nachteil all dieser Lösungen ist, dass sie kaum Möglichkeit zum Verstellen bieten. Dazu benötigt man einen ordentlichen Festmachknoten.

Die meisten der bisher gezeigten Befestigungssteke kann man weder binden noch lösen, während die feste Part unter Spannung steht, weshalb sie zum Festmachen einer Yacht ungeeignet sind. Anders der Webeleinstek, den man zwar mit einem einzelnen Törn um den Poller beginnen und dann zu einem Knoten abschließen kann, doch bei großer Belastung zieht er sich nahezu unlösbar fest.

Ein Rundtörn mit zwei Halben Schlägen kann ebenfalls unter Spannung gebunden werden und bietet oft eine gute Lösung.

Doch ist es sehr reizvoll, einen Knoten zu verwenden, den man ohne fummelige Schläge aufsetzen kann, der bei stärker werdender Belastung zunehmend besser hält und der sich trotzdem mit ein paar Handgriffen verstellen oder lösen lässt. Das alles kann der Themse-Pfahlstek.

Man merkt sofort, wie gut sich dieser Knoten bei der täglichen Arbeit auf Schleppern und Leichtern bewährt haben muss, wo laufend Taue belegt und wieder gelöst werden müssen.

Sein einziger Nachteil ist, dass er sich mit dünnem oder glattem Tauwerk nicht immer bekneift; verwenden Sie also kräftige Leinen!

1 Legen Sie einen Törn um den Pfosten oder Poller.

2 Machen Sie noch einen Törn und legen Sie dann das lose Ende zu einer Bucht. Führen Sie die Bucht unter der stehenden Part herum.

3 Stülpen Sie die Bucht über den Pfosten oder Poller.

4 Machen Sie mit dem losen Ende einen Törn um die stehenden Part.

5 Schließen Sie den Knoten mit einem Törn um den Pfosten oder Poller ab. Gibt der Knoten unter Last nach, sollte man keinesfalls einen Halben Schlag aufsetzen – er kann sich unlösbar festziehen –, sondern einfach weitere Törns um den Poller legen.

Pfahlstek

Der einfache Pfahlstek funktioniert nach dem gleichen Prinzip wie der Themse-Pfahlstek und bekneift sich durch den Zug an der Leine. Auch er kann unter Last gebunden werden, nur das Lösen unter Last wird etwas schwierig sein. Es ist ein Knoten zum vorübergehenden Festmachen und sollte über kurz oder lang durch einen Knoten abgelöst werden, der mehr Sicherheit bietet.

Bewertung

Stärke

Sicherheit

Schwierigkeit zu binden

Schwierigkeit zu lösen

Praktischer Nutzen

1 Legen Sie eine Bucht in die Leine. Macht man die Bucht nahe am Ende der Leine, sollte die stehende Part unter dem losen Ende sein.

2 Führen Sie die Bucht um den Befestigungspunkt und unter der stehenden Part herum.

3 Stülpen Sie die Bucht über den Pfosten oder Poller.

4 Ziehen Sie den Knoten fest. Sitzt der Knoten am Ende des Pfostens, kann er mit einem gezielten Fußtritt auch unter Last gelöst werden.

Knoten-Know-how

Wie viele Knoten es insgesamt gibt, kann man nicht sagen. Das *Ashley-Buch der Knoten* listet 3800 auf, obwohl darin viele Knoten doppelt gezeigt und auch Knotenwerkzeuge und Ähnliches mitgezählt werden. Die tatsächliche Anzahl der Knoten in Ashleys Buch ist wesentlich geringer. Andererseits wurden seit Ashleys Zeiten auch hunderte »neue« Knoten entdeckt oder alte Knoten wiederentdeckt, sodass die wirkliche Zahl aller Knoten sogar noch höher ausfallen dürfte.

Muringstek

Noch eine Alternative zum allgegenwärtigen Webeleinstek stellt der etwas ausgefeiltere Muringstek dar. Sobald man ihn beherrscht, kann dieser Knoten schnell in der Bucht gebunden und über einen Pfosten oder Poller gelegt werden. Er hält sicherer als ein Webeleinstek, aber nicht so unnachgiebig wie ein Konstriktor. Es lohnt sich, ihn in den Kreis der eigenen, regelmäßig genutzten Knoten aufzunehmen.

Bewertung

Stärke
Sicherheit
Schwierigkeit zu binden
Schwierigkeit zu lösen
Praktischer Nutzen

1 Legen Sie eine Bucht in die Leine und verdrehen Sie sie zu zwei Augen. Das obere Auge sollte größer sein als das untere.

2 Heben Sie das obere Auge an und klappen Sie es über das untere.

3 Klappen Sie das Oval (oben) nach hinten unter das Dreieck (unten) und stülpen Sie diese Öffnung über einen Pfosten oder Poller.

4 Ziehen Sie beide Parten in entgegengesetzte Richtungen, um den Knoten zu festigen.

Belegen auf einer Klampe

Die Klampe hat an Bord längst Beting und Poller abgelöst, doch wenn der Eindruck in den Marinas in ganz Europa nicht täuscht, so wissen die meisten Segler nicht, wie man richtig auf einer Klampe belegt. Dabei können richtig belegte Festmacher den Unterschied ausmachen, ob man nachts friedlich schläft oder sein geliebtes Boot zwischen den Brechern am Strand wiederfindet. Warum nur machen das so viele Segler falsch?

Bewertung

Stärke
Sicherheit
Schwierigkeit zu binden
Schwierigkeit zu lösen
Praktischer Nutzen

Gehen Sie einmal durch eine Marina und Sie werden an jeder Yacht mindestens ein halbes Dutzend Klampen sehen, auf denen Festmacher, Flaggleinen, Schoten usw. belegt sind. Das ergibt in jeder Marina hunderte, wenn nicht tausende Klampen.

Und erstaunlicherweise ist an den meisten Klampen falsch belegt worden. Nach einer nicht repräsentativen Erhebung seitens des Autors war in seiner Heimatmarina nur an jeder achten Klampe die Leine korrekt belegt.

Zum Glück sind Klampen gutmütig und nur wenige der falschen Knoten an ihnen lösen sich von allein. In exponierteren Häfen könnte es allerdings leichter zu Schäden kommen.

Ein viel diskutierter Punkt ist, wie viele Kreuzschläge auf eine Klampe gelegt werden sollen. Früher, als Tauwerk meist dicker und griffiger war, genügten zwei Kreuzschläge. Mit den modernen, dünnen sowie glatten und elastischeren Leinen benötigt man jedoch mehr Schläge für einen sicheren Halt.

Ein häufiger Fehler ist auch, so viele Schläge zu machen, bis sich die ganze Leine auf der Klampe auftürmt. In einem Notfall bräuchte man gefährlich lange, um loszukommen. Die gültige Meinung ist, dass mindesten zwei Kreuzschläge, und nur in Extremfällen ein oder zwei mehr, gemacht werden sollen. Noch mehr Schläge bringen nichts und sind nur im Weg.

Ein weiterer Streitpunkt ist, ob ein Halber Schlag, der sogenannte Kopfschlag, zum Abschluss gemacht werden soll oder nicht. Hier ist die Regel, dass man keinen Kopfschlag machen soll, wenn es unmittelbar gefährlich werden kann, sollte man die Leine nicht schnell lösen können. Machen Sie also keinen Kopfschlag bei Schleppleinen, Schoten sowie Fallen. Legen Sie stattdessen lieber zusätzliche Kreuzschläge. In allen anderen Fällen sollte ein Kopfschlag gemacht werden.

1 Legen Sie einen Törn um die Klampe. Beginnen Sie an der Seite, die am weitesten von Ihnen entfernt ist.

2 Legen Sie einen ganzen Rundtörn um die Klampe, dann das lose Ende diagonal über sie und unter dem gegenüberliegenden Horn durch.

3 Legen Sie mindestens zwei komplette Kreuzschläge. Bei dünnen oder glatten Leinen können mehr Kreuzschläge nötig sein.

Belegen auf einer Klampe, auf Slip

Dingischoten werden heute meist in Curryklemmen gefahren, sodass man sie mit einem Ruck leicht lösen kann. Die Fallen sind jedoch häufig auf Klampen belegt, und auch hier sollte man die Leine schnell lösen können. Wer nach einer Kenterung schnell das Großsegel runterholen muss, wird hierfür dankbar sein.

Bewertung

Stärke
Sicherheit
Schwierigkeit zu binden
Schwierigkeit zu lösen
Praktischer Nutzen

1 Legen Sie einen Rundtörn um den Fuß der Klampe und dann einen einzigen diagonalen Törn.

2 Machen Sie eine Bucht in das lose Ende und stecken Sie sie unter dem diagonalen Törn durch. Ziehen Sie den Knoten fest. Zum Lösen genügt ein kurzer Zug am Ende!

4 Ziehen Sie den Knoten fest und schließen Sie ihn mit einem einfachen Kreuzschlag oder, wie hier gezeigt, mit einem Kopfschlag um eines der Klampenhörner ab.

Belegen auf einem Kreuzpoller

Ist das der beste Kompromiss? Ein Kreuzpoller ist wie Klampe und Poller in einem. Doch in der Praxis ist das Belegen daran umständlich, und traditionelle Knoten wie der Pfahlstek (Seite 62) bleiben an den Hörnern hängen.

Bewertung

Stärke

Sicherheit

Schwierigkeit zu binden

Schwierigkeit zu lösen

Praktischer Nutzen

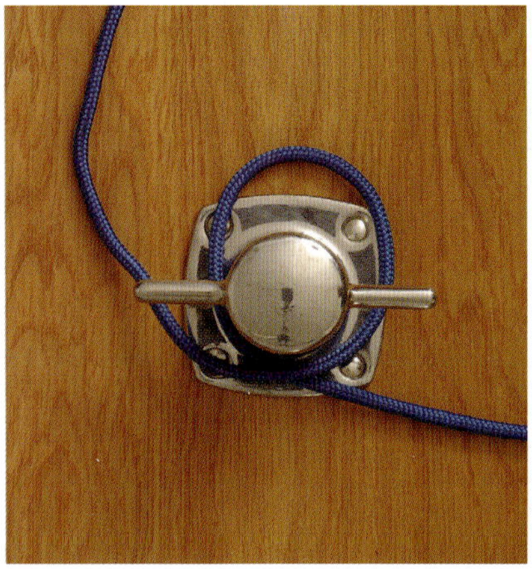

1 Legen Sie einen Rundtörn um den Fuß des Pollers.

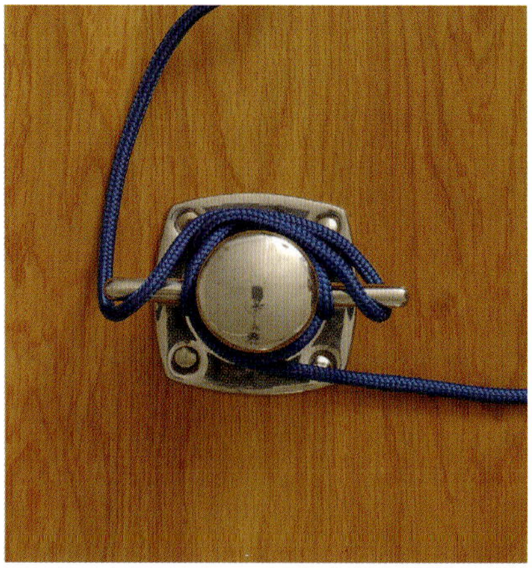

2 Führen Sie das lose Ende diagonal über das Horn an der gegenüberliegenden Seite und machen Sie mehrere Kreuzschläge wie bei einer Klampe (siehe Seite 66).

3 Die Zahl der Schläge hängt von Stärke und Beschaffenheit der Leine ab, doch zwei Kreuzschläge sind das Minimum.

4 Schließen Sie mit einem Kopfschlag ab – wer möchte, kann das Ende zu einer Schnecke legen (mehr Informationen dazu auf Seite 194).

Auf einem Kreuzpoller belegt man wie auf einer Klampe, nur seitlich.

Belegen an einem Belegnagel

Der Belegnagel ist der Vorläufer der Klampe. Auf einem traditionellen Rahsegler wurde der Großteil des laufenden Guts an Belegnägeln festgemacht, die sich entweder an den Wanten oder in sogenannten Nagelbänken um den Mast herum an Deck befanden. Obwohl Belegnägel auf modernen Segelbooten kaum mehr zu finden sind, ist das Prinzip doch das gleiche wie bei einer Klampe am Mast.

Bewertung

Stärke

Sicherheit

Schwierigkeit zu binden

Schwierigkeit zu lösen

Praktischer Nutzen

1 Legen Sie einen Törn um die untere Hälfte des Belegnagels (oder der Klampe).

2 Führen Sie das lose Ende diagonal über und um die obere Hälfte des Belegnagels (oder der Klampe).

3 Machen Sie noch weitere diagonale Törns. Zwei Kreuzschläge sind das Minimum.

4 Bei Flaggenleinen schließt man mit einem Kopfschlag über die obere Hälfte des Belegnagels ab.

Knoten-Know-how

Vor der Erfindung der Klampe wurde fast das gesamte laufende Gut eines Schiffs an Belegnägeln festgemacht. Auf einem Rahsegler konnte man mehr als 50 Belegnägel auf jeder Seite des Schiffs zählen. Doch die Leinen mussten nicht nur belegt werden, sondern die langen Enden mussten aufgeschossen und ebenfalls am Belegnagel festgemacht werden (siehe Seite 187). Bei den Toppsegelfallen waren das endlos lange Leinen – nichts für schwache Nerven!

Einfacher Hakenschlag

Nicht nur Stauer und Schauermann heben Ladung von und an Bord eines Schiffs. Viele Yachten haben Davits, um das Beiboot aufzuholen, andere verwenden die Fallen für diese Aufgabe. Und wer viel Proviant für eine lange Fahrt an Bord nimmt, wird den Hakenschlag ebenfalls als schnellen (wenn auch nicht ganz zuverlässigen) Freund zu schätzen lernen.

Bewertung

- Stärke
- Sicherheit
- Schwierigkeit zu binden
- Schwierigkeit zu lösen
- Praktischer Nutzen

»Wieder rückte ein Sonntag heran, während wir in Monterey lagen, aber wie zuvor bescherte er uns keinen Feiertag. Die Leute an Land kleideten sich schmuck und kamen in größeren Scharen als je zuvor, und wir waren den ganzen Tag mit Übersetzen und dem Anlandbringen von Waren beschäftigt, sodass wir kaum Zeit zum Essen hatten …«

Das ist ein Auszug aus dem Buch *Zwei Jahre vorm Mast* von R.H. Dana. Dana war ein amerikanischer Rechtsanwalt, der sich vor seinem Staatsexamen eine zweijährige Auszeit gönnte, um das Leben auf hoher See kennenzulernen. Obwohl aus gutem Hause stammend, heuerte er als einfacher Seemann an und verbrachte viel Zeit in Kalifornien mit dem Verladen von Rinderhäuten auf seinem Schiff, der PILGRIM.

Leider schreibt er nichts über die Knoten, die dabei verwendet wurden, aber der Hakenschlag und der doppelte Hakenschlag dürften für diese Arbeit ganz oben auf der Liste stehen. Zur Familie der Hakensteke zählen ebenso der Marlinstek (Seite 48) sowie Stunner- und Bill-Stek. Doch der einfache Hakenstek ist die gebräuchlichste Variante.

Die Merkmale eines guten Hakensteks sind, dass er schnell zu binden ist, eine beträchtliche Last sicher halten kann und von allein aufgeht, sobald die Last abgesetzt ist. Den ersten und letzten Punkt erfüllt der einfache Hakenschlag locker. Sicheren Halt bietet er jedoch nur, wenn die Leine dick genug ist, um den Haken auszufüllen. Der doppelte Hakenschlag (Seite gegenüber) hält etwas besser, doch sollten beide nur mit Vorsicht verwendet werden.

Im Englischen bezeichnet man den Hakenschlag als Blackwall-Stek, was auf die Blackwall-Werft an der Themse zurückgehen dürfte. In der zweiten Hälfte des 18. Jahrhunderts war das die weltweit größte private Werft. Dort wurden Schiffe für die Royal Navy und die East India Company gebaut. Der Hakenschlag könnte auf dem Werftgelände sehr gut zum Transport von Holz und Ausrüstung eingesetzt worden sein.

1 Führen Sie das lose Ende hinter dem Haken herum.

2 Legen Sie das lose Ende dann in den Haken.

3 Heben Sie die stehende Part so über das lose Ende, dass sie das lose Ende gegen den Haken bekneift.

Doppelter Hakenschlag

Da der einfache Hakenschlag unsicher ist, hat man den doppelten Hakenschlag erfunden. Es gibt zwei Arten, ihn zu binden: entweder mit dem zusätzlichen Törn im Haken selbst (wie hier gezeigt) oder mit dem zusätzlichen Törn um den Schaft des Hakens. Probieren Sie beide Varianten aus, um herauszufinden, welche besser funktioniert. Beide macht man erst dann, wenn die Last gehoben werden soll.

Bewertung

Stärke

Sicherheit

Schwierigkeit zu binden

Schwierigkeit zu lösen

Praktischer Nutzen

1 Legen Sie einen Törn in den Haken, genau wie beim einfachen Hakenschlag.

2 Führen Sie das lose Ende herum, um einen zweiten Törn zu legen.

3 Heben Sie die stehende Part so über die zwei Törns, dass beide Törns von der stehenden Part gegen den Haken bekniffen werden.

Katzenpfote

Schwere Gegenstände hebt man gewöhnlich mit Schlingen an, die einfach in den Haken eingehängt werden. Man kann aber auch eine Katzenpfote in der Bucht formen, um sicherzugehen, dass die Leine nicht vom Haken abrutschen kann. Die wichtigsten Eigenschaften dieses Knotens sind, dass er sicher hält, sich aber auch nicht zu stark zuzieht und festsetzt – genau richtig für einen Hakenstek.

Bewertung

Stärke	4
Sicherheit	4
Schwierigkeit zu binden	1
Schwierigkeit zu lösen	2
Praktischer Nutzen	4

1 Befestigen Sie die Schlinge an der Ladung mit einem geeigneten Knoten (z. B. einem Kuhstek, Seite 49).

2 Ziehen Sie die Bucht nach oben, um zwei Augen zu bilden.

3 Verdrehen Sie die beiden Augen zur Mitte hin – das eine im Uhrzeigersinn, das andere gegen den Uhrzeigersinn.

4 Machen Sie zwei oder drei Verdrehungen, abhängig davon, wie glatt die Leine und wie schwer die Last ist.

5 Legen Sie die Augen zusammen und hängen Sie sie in den Haken ein. Ziehen Sie den Knoten an beiden Parten fest.

Bubblestek

Bewertung

- Stärke
- Sicherheit
- Schwierigkeit zu binden
- Schwierigkeit zu lösen
- Praktischer Nutzen

Diesen Knoten wird man nicht im *Ashley-Buch der Knoten* finden und in vielen anderen Knotenbüchern auch nicht. Ursprünglich wurde der Bubblestek im Juli 2000 in der Zeitschrift *Pactical Boat Owner* veröffentlicht. Er zählt zu den wenigen wirklich neuen Knoten der letzten Jahre. Verwenden Sie ihn, um eine Schot an ein Segel anzuschlagen oder immer dann, wenn die Leine zu dick ist, um durch eine Öse oder den Befestigungspunkt zu passen.

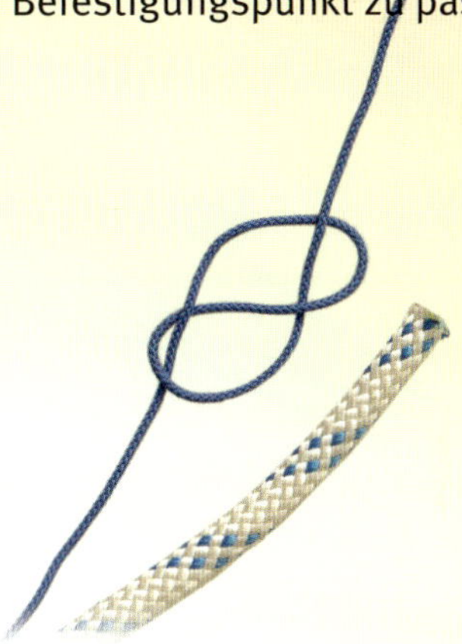

1 Binden Sie einen Achtknoten (siehe Seite 150) in die dünnere Leine.

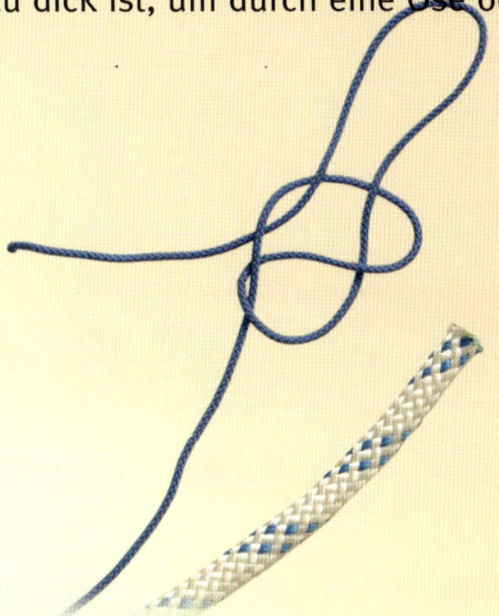

2 Stecken Sie das lose Ende durch den oberen Teil des Knotens zurück.

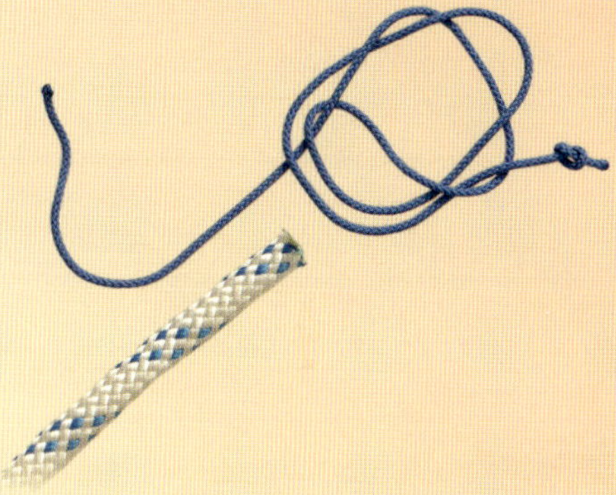

3 Führen Sie es weiter der Form des Achtknotens folgend über die andere Part und zurück durch das obere Auge. Binden Sie einen Stoppknoten (Seiten 150–155) in das lose Ende.

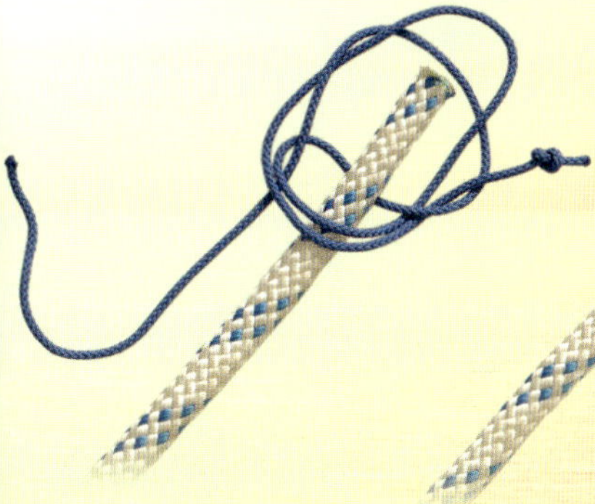

4 Führen Sie die dickere Leine, z. B. die Schot, unter den ersten beiden Törns durch.

5 Machen Sie ein Unterhandauge und führen Sie das lose Ende durch das mittige Auge. Das obere Auge bildet die Schlaufe, mit der der Gegenstand befestigt wird, z. B. das Segel.

6 Stecken Sie die Schlaufe und den Stoppknoten durch das Auge und ziehen Sie den Knoten fest. Zum Gebrauch stecken Sie die Schlaufe durch den Befestigungspunkt und dann den Stoppknoten durch die Schlaufe.

Fuhrmannsstek

Einst wurden mit dem Fuhrmannsstek die Planen der Pferdewagen nach unten gespannt, doch gibt es auch zahlreiche nautische Verwendungen für diesen Knoten. Verwenden Sie ihn als behelfsmäßige Talje immer dann, wenn Sie eine Leine kräftig spannen wollen. Unterschätzen Sie dabei nicht die Stärke der Spannkraft, die mit dem Fuhrmannsstek zustande kommt. Sie wären nicht der Erste, der sein Dingi auf dem Autodachträger zerdrückt. Seien Sie gewarnt!

Bewertung

Stärke

Sicherheit

Schwierigkeit zu binden

Schwierigkeit zu lösen

Praktischer Nutzen

Es kommt nicht häufig vor, dass ein Knoten außerhalb der Gemeinschaft der Knotenknüpfer für Begeisterung sorgt. Eine Website im Internet bezeichnet den Fuhrmannsstek jedoch als den erstaunlichsten Knoten überhaupt, eine andere berichtet, dass kein Knoten, abgesehen vom Palstek, öfter nachgefragt wird.

Es wird vermutet, dass ursprünglich Straßenhändler und Kutscher diesen Knoten zum Verzurren der Planen über ihren Pferdewagen verwendeten.

Auf einem Boot gibt es viele Einsatzmöglichkeiten, ob etwas auf dem Kajütdach festgelascht oder ein schwerer Gegenstand an Bord gekrant werden soll. Sogar die Fallen können mit dem Fuhrmannsstek gespannt werden.

Im Prinzip arbeitet der Knoten wie eine Talje und ergibt einen Kraftvorteil von 2:1 oder 3:1, je nachdem, wie er ausgerichtet wird. Liegt der Belegpunkt auf der Seite des losen Endes, ist es 2:1, liegt er auf der Seite der stehenden Part, ist es 3:1.

Wie bei vielen der alten Knoten gibt es auch für den Fuhrmannsstek verschiedene Varianten und Möglichkeiten, ihn zu binden. Der Name ist nur ein Oberbegriff. Die hier gezeigte Methode basiert auf der Langen Trompete (Seite 162). Es ist nicht die sicherste Variante, kann dafür aber leicht gelöst werden.

Eine dauerhaftere Methode bietet die Achtknotenschlaufe (Seite 111) oder sogar ein Palstek (Seite 112), doch beide können sich unter hohen Lasten festsetzen. Dauerhaft eingesetzte Schlaufenknoten leiden auch unter dem Abrieb, wenn eine Leine durch das Auge umgelenkt wirkt.

Auf jeden Fall sind die Kräfte so hoch, dass selbst stabile Gegenstände beschädigt werden können, wenn man den Knoten falsch anwendet. Gehen Sie also vorsichtig zu Werke und vergessen Sie nicht, dass man diesen Knoten auch den »Quetschknoten« nennt.

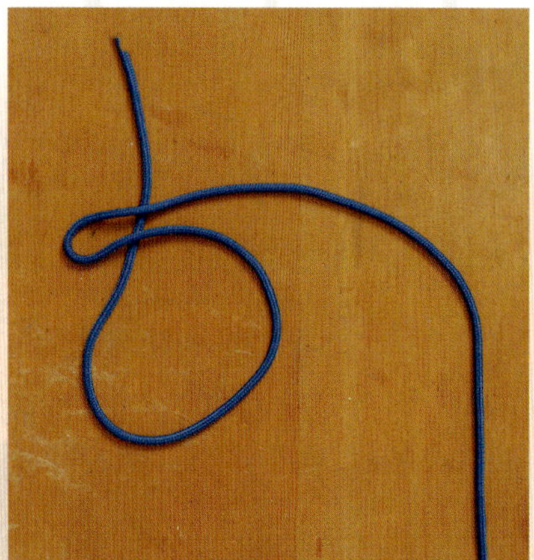

1 Machen Sie eine Bucht in die stehende Part und legen Sie sie über das lose Ende.

2 Legen Sie mit dem losen Ende einen Törn um beide Parten der Bucht und stecken Sie es durch das Auge.

3 Ziehen Sie den Törn zu, um ein Auge wie bei der Langen Trompete zu bilden.

Doppelter Fuhrmannsstek

Es gibt zwei Arten, einen Fuhrmannsstek zu verdoppeln: Die eine macht ihn sicherer, die andere erhöht den Kraftvorteil. Wer mehr Sicherheit und mehr Kraft benötigt, macht einfach beide!

Bewertung

Stärke	
Sicherheit	
Schwierigkeit zu binden	
Schwierigkeit zu lösen	
Praktischer Nutzen	

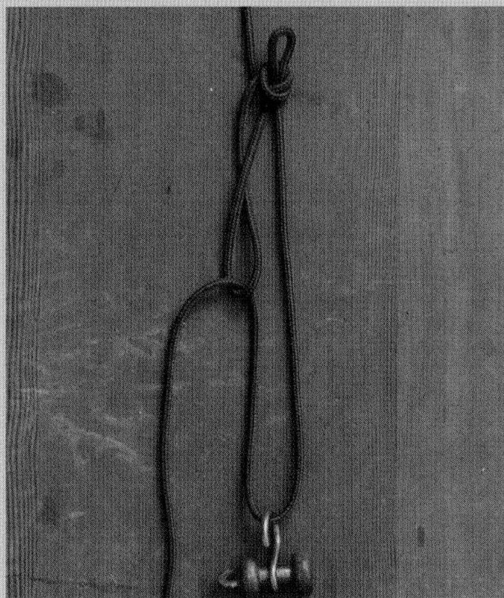

1 Um die Sicherheit zu erhöhen, machen Sie einen zweiten Törn am Auge der Langen Trompete. Das empfiehlt sich auch für glattes Tauwerk.

2 Um den Kraftvorteil zu erhöhen, stecken Sie eine Bucht durch das mittlere Auge, um so ein neues Auge zu bilden. Führen Sie das lose Ende durch den Schäkel oder den Ring und dann durch das neu gebildete Auge.

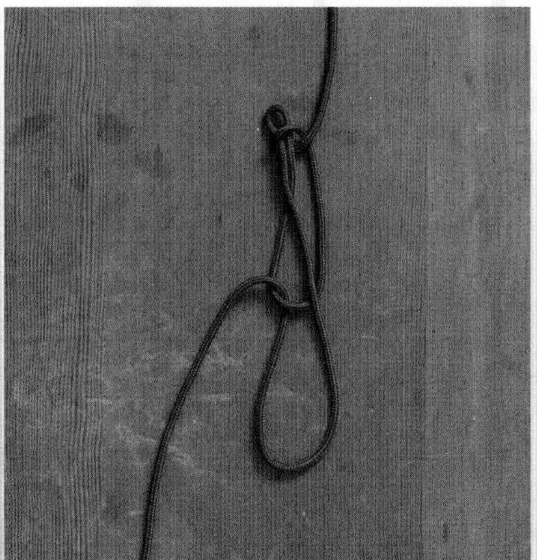

4 Machen Sie eine weitere Bucht mit der stehenden Part und stecken Sie sie durch das Auge.

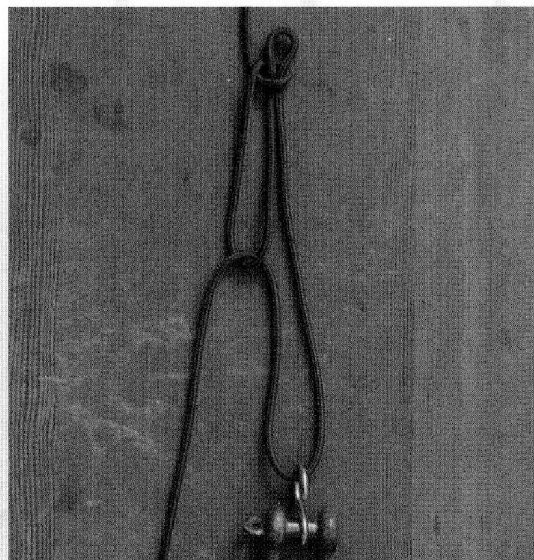

5 Jetzt kann das lose Ende am Belegpunkt und das Auge am bewegten Gegenstand (oder umgekehrt) befestigt werden. Ziehen Sie zum Dichtholen an der stehenden Part.

Verbindungs-knoten

3

Überhand-Verbindungsknoten

Das ist der Urvater aller Verbindungsknoten, so einfach, dass er schon vor 5300 Jahren in der Bronzezeit verwendet wurde. Und dabei bietet er mehr Sicherheit als viele seiner späteren und ausgefeilteren Nachfolger. Allerdings muss man hinzufügen, dass er sich besser für dünne Schnüre und Takelgarne eignet, denn um zwei dicke Festmacher zu verbinden oder um eine Dingileine zu verlängern finden sich auf den folgenden Seiten bessere Lösungen.

Bewertung

Stärke
Sicherheit
Schwierigkeit zu binden
Schwierigkeit zu lösen
Praktischer Nutzen

Schotstek, Trossenstek, Schmetterlingsknoten, Spanischer Trossenstek, Zeppelinstek, Simple Simon – es gibt mehr Arten, zwei Leinen zu verbinden, als man ohne Luft zu holen sagen kann. Die Kunst besteht darin, die richtige zu wählen.

Dabei hängt alles von den äußeren Umständen ab. Ist eine Leine dicker als die andere, bietet sich der doppelte Schotstek an. Sollen dagegen zwei gleich starke, glatte Leinen verbunden werden, könnte der Trossenstek die bessere Wahl sein.

Abgesehen davon hat jeder Mensch seine persönlichen Lieblingsknoten, mit denen er durch dick und dünn geht. Der Autor hat schon mal eine Bojenleine mit einem doppelten Schotstek verlängert, was drei Winter lang anstandslos gehalten hat, sich aber – als die Zeit gekommen war – lösen ließ, als wäre der Knoten am Tag zuvor gebunden worden. Andere behaupten, der doppelte Schotstek sei unsicher, und schwören auf den Zeppelinstek. Der Überhand-Verbindungsknoten mag im Vergleich zu den anderen Knoten in diesem Kapitel etwas einfallslos wirken, aber laut Ashley ist er sogar sicherer als der Schotstek, wenngleich auch nicht stärker. Das bedeutet, er ist ideal, um dünnes, glattes Bändselgut, nicht aber dickes Tauwerk zu verbinden.

Hohe Zuverlässigkeit bedeutet meist (aber nicht immer), dass ein Knoten auch schwer lösbar ist. Beim Verbinden von billigem Bändselgut spielt das keine Rolle, aber bei Dyneema und Spectra ist es ein wichtiger Punkt.

Zusätzliche Törns erhöhen nicht immer die Sicherheit. Ein weiterer Törn macht aus einem Überhand-Verbindungsknoten einen Flämischen Knoten, der zwar zur Beruhigung ein wenig komplexer aussieht, in Wirklichkeit aber unsicherer ist als sein einfach wirkender Bruder.

Der Überhand-Verbindungsknoten ist der Urvater, ihn gibt es schon seit tausenden Jahren. Auch beim ältesten Mann Europas, dem 5300 Jahre alten, natürlich mumifizierten Ötzi, fand man diesen Knoten.

1 Legen Sie die zu verbindenden Leinen parallel nebeneinander und formen Sie ein Unterhandauge.

2 Bilden Sie den Knoten, indem Sie die Enden durch das Auge stecken.

3 Ziehen Sie den Knoten an beiden Seiten fest.

Flämischer Knoten

Sollte der Überhand-Verbindungsknoten (Seite gegenüber) nicht sicher genug erscheinen, könnte man annehmen, das ließe sich mit einem zusätzlichen Törn verbessern. Doch da täuscht man sich. Der normale Achtknoten ist als Stoppknoten so gut geeignet, weil er im Gegensatz zum einfachen Überhandknoten leicht lösbar ist. So auch beim Flämischen Knoten, verwenden Sie ihn als schnellen, einfachen Verbindungsknoten, der sich nicht zu fest zuzieht.

Bewertung

Stärke

Sicherheit

Schwierigkeit zu binden

Schwierigkeit zu lösen

Praktischer Nutzen

1 Binden Sie einen Achtknoten (siehe Seite 150) in die eine Leine. Stecken Sie das lose Ende der anderen Leine durch das Auge am Ende des Achtknotens.

2 Legen Sie einen Törn um die stehende Part der anderen Leine und stecken Sie das lose Ende unter sich selbst durch.

3 Folgen Sie weiter der Form des ersten Achtknotens. Das lose Ende sollte neben der stehenden Part der anderen Leine austreten. Ziehen Sie den Knoten fest.

Schotstek

Der Schotstek ist einer der nützlichsten Allzweck-Verbindungsknoten für Leinen mit sowohl gleichem als auch unterschiedlichem Durchmesser. Stärke geht diesem Knoten vor Sicherheit, was bedeutet, dass er bei gleichmäßiger Belastung zuverlässig hält, aber bei wiederholter, ruckartiger Belastung aufgehen kann. Die Sicherheit kann erhöht werden, indem das Ende des Auges an die stehende Part gebändselt wird.

Bewertung

Stärke
Sicherheit
Schwierigkeit zu binden
Schwierigkeit zu lösen
Praktischer Nutzen

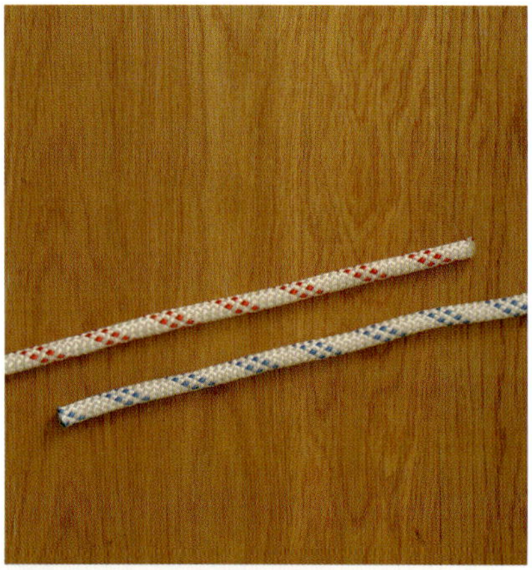

1 Der Schotstek ist geeignet, um Leinen gleichen Durchmessers zu verbinden oder um dünne Leinen an dickeren zu befestigen.

2 Legen Sie eine Bucht in eine der Leinen. Sind die Leinen unterschiedlich beschaffen, machen Sie die Bucht in die dickere (oder steifere) Leine.

3 Führen Sie das lose Ende der anderen Leine durch die Bucht und dann unter den beiden Parten der Bucht durch.

4 Stecken Sie das lose Ende unter sich selbst durch. Die beiden Enden sollten an derselben Seite des Knotens hervortreten. Halten Sie beide Parten der Bucht und ziehen Sie den Knoten fest zu.

Doppelter Schotstek

Bewertung

Stärke

Sicherheit

Schwierigkeit zu binden

Schwierigkeit zu lösen

Praktischer Nutzen

Auf einem Boot wird in der Praxis fast ausnahmslos der doppelte Schotstek anstelle des einfachen (Seite gegenüber) verwendet. Er lässt sich fast genauso schnell binden, bietet aber deutlich mehr Sicherheit. Setzen Sie ihn überall dort ein, wo es zu gleichmäßiger und nicht allzu ruckartiger Belastung kommt, z. B. bei Fallen oder beim Verzurren eines Dingis an Deck – nicht aber bei Schoten oder Schleppleinen.

1 Beginnen Sie mit einem einfachen Schotstek (Seite gegenüber).

2 Führen Sie das lose Ende noch einmal um die beiden Parten der Bucht herum und stecken Sie es …

3 … unter der stehenden Part durch. Achten Sie darauf, dass das lose Ende den ersten Törn nicht überkreuzt. Ziehen Sie den Knoten fest.

Dreifacher Schotstek

Wir haben bereits davor gewarnt, einem Knoten einfach weitere Törns hinzuzufügen, um ihn zu verstärken (Seite 79), denn oft bewirkt man genau das Gegenteil. Bei einem Schotstek in dünnem, rutschigem Tauwerk kann ein dritter Törn jedoch helfen.

Bewertung

Stärke

Sicherheit

Schwierigkeit zu binden

Schwierigkeit zu lösen

Praktischer Nutzen

1 Binden Sie einen doppelten Schotstek wie oben gezeigt.

2 Machen Sie einen zusätzlichen Törn mit dem losen Ende und stecken Sie es unter der stehenden Part durch.

Schmetterling-Verbindungsknoten

Dieser Knoten ist neu und entspricht einem normalen Schmetterlingsknoten (Seite 126), bei dem das Auge durchgeschnitten ist. Er ist nicht jedermanns Lieblingsknoten, schneidet aber im Vergleich zu den bekannteren Knoten wie dem Zeppelinstek gut ab. Mit ihm lassen sich gleich starke Leinen verbinden.

Bewertung

Stärke
Sicherheit
Schwierigkeit zu binden
Schwierigkeit zu lösen
Praktischer Nutzen

1 Formen Sie eine Bucht am Ende beider Leinen und legen Sie diese Buchten ineinander.

2 Legen Sie die losen Enden unter ihre jeweilige stehende Part. So entstehen zwei ineinander liegende Unterhandaugen.

3 Stecken Sie die losen Enden durch beide Augen.

4 Ziehen Sie den Knoten an beiden Enden gleichzeitig fest.

Knoten-Know-how

Da weder der Schmetterling-Verbindungsknoten noch der normale Schmetterlingsknoten unter diesen Namen im *Ashley-Buch der Knoten* vorkommen, liegt die Vermutung nahe, dass sie erst nach 1944 größere Bekanntheit erlangten. Ashley zeigt jedoch mit der Fernmeldehandwerkerschlaufe einen identischen Knoten.

Lappländer-Knoten

Dieser Knoten sieht aus, als eigne er sich nur für eine kurzzeitige Verbindung, doch allem Anschein nach wird er in Lappland verwendet, um Rentiere an einem Schlitten anzubinden sowie als Bändselknoten für Messer und dergleichen. Sein größter Vorteil liegt darin, dass er mit einem Zug am Ende gelöst und die Leine eingeholt werden kann. Verwenden Sie ihn bei Verbindungen, die schnell lösbar sein müssen.

Bewertung

Stärke

Sicherheit

Schwierigkeit zu binden

Schwierigkeit zu lösen

Praktischer Nutzen

1 Legen Sie eine Bucht in das Ende der einen Leine und führen Sie das Ende der zweiten Leine unter der Bucht durch.

2 Machen Sie eine Bucht in das lose Ende der zweiten Leine und führen Sie sie über die eigene stehende Part.

3 Stecken Sie diese Bucht durch die erste Bucht. Formen Sie die Buchten nicht zu klein und lassen Sie die Enden der Leinen ausreichend lang.

4 Festigen Sie den Knoten durch Zug an den beiden Parten der ersten Leine und an der stehenden Part der zweiten Leine.

Hunter-Knoten

Dieser Knoten ist mit dem Schmetterlingsknoten (Seite 82) und dem Zeppelinstek (Seite 86) verwandt. Er bietet ebenfalls eine saubere Methode, zwei Leinen zu verbinden. Er setzt sich zwar etwas leichter fest als seine beiden Verwandten, ist dafür aber auch geringfügig sicherer. Einer der wenigen Knoten, die es jemals auf die Titelseite der Zeitung *The Times* geschafft haben (siehe Knoten-Know-how).

Bewertung

- Stärke
- Sicherheit
- Schwierigkeit zu binden
- Schwierigkeit zu lösen
- Praktischer Nutzen

1 Legen Sie ein Überhandauge in das Ende der einen Leine (linke Leine in der Abbildung). Legen Sie dann ein Unterhandauge so in das Ende der anderen Leine, dass beide Augen ineinander liegen.

2 Führen Sie das lose Ende des Überhandauges von unten nach oben durch die Mitte der beiden Augen.

3 Führen Sie das lose Ende des Unterhandauges von oben nach unten durch die Mitte der beiden Augen.

4 Achten Sie darauf, dass der Knoten beim Festziehen seine Form behält.

Blutknoten

Dieser Knoten empfiehlt sich zum Verbinden von dünnen, festen und glatten Schnüren und Leinen. Der Blutknoten ist daher vor allem unter Anglern sehr beliebt, könnte aber auch für Segler interessant sein, denn aufgrund seiner kompakten Form kann er mit nur geringem Widerstand durchs Wasser geschleppt werden. Manchmal bekneift er sich allerdings so stark, dass man ihn aufschneiden muss.

Bewertung

- Stärke
- Sicherheit
- Schwierigkeit zu binden
- Schwierigkeit zu lösen
- Praktischer Nutzen

1 Legen Sie beide Enden der Leinen mit einer Bucht über die jeweils andere Leine.

2 Führen Sie die losen Enden beider Leinen hinter der stehenden Part der jeweils anderen Leine herum.

3 Führen Sie die losen Enden beider Leinen über sich selbst und erneut um die stehende Part der jeweils anderen Leine.

Knoten-Know-how

Als dieser Knoten im Jahre 1978 auf dem Titelbild der Zeitung *The Times* prangte, wurde er weltweit bekannt. Sein Name bezieht sich auf den Briten Dr. Edward Hunter, der ihn erfunden hat, ohne zu wissen, dass der gleiche Knoten in den USA bereits als »Rigger-Knoten« bekannt war. Ashley erwähnt Tests des Hunter-Knotens durch Britische Luftfahrtbehörden, die ihn stärker als den Fischerknoten, den Schotstek und den Kreuzknoten, jedoch weniger stark als den Blutknoten einstuften.

4 Ziehen Sie erst die Törns der losen Enden eng zu und ziehen Sie dann den Knoten an den stehenden Parten fest.

Zeppelinstek

Dieser Knoten wurde in den 1930er-Jahren zum Vertäuen der Zeppeline eingesetzt, kann aber auf See ebenso nützlich sein. Er ähnelt stark dem Hunter-Knoten (Seite 84) und basiert wie dieser auf nichts weiter als zwei ineinander liegenden Überhandknoten. Was für die Navy gut genug ist, kann für uns nicht falsch sein (siehe Seite gegenüber, Knoten-Know-how).

Bewertung

Stärke
Sicherheit
Schwierigkeit zu binden
Schwierigkeit zu lösen
Praktischer Nutzen

1 Legen Sie ein Auge und eine Bucht in die eine Leine, so als würden Sie einen Überhandknoten binden, und legen Sie das lose Ende der anderen Leine in diese Bucht.

2 Stecken Sie das lose Ende der ersten Leine durch das Auge, um den Überhandknoten fertigzustellen. Führen Sie das Ende der anderen Leine unter ihrer stehenden Part durch, um ein zweites Auge zu bilden.

3 Stecken Sie das lose Ende der zweiten Leine durch das erste Auge und dann durch das eigene Auge, um den zweiten der beiden ineinander liegenden Überhandknoten zu bilden.

4 Ziehen Sie erst die beiden Überhandknoten einzeln fest und dann den gesamten Knoten.

Asher-Verbindungsknoten

Noch ein Spezialknoten von Harry Asher. Die Inspiration mag vom Zeppelinstek (Seite gegenüber) stammen, hier werden die Leinen jedoch mit ineinander liegenden Achtknoten (Seite 150) anstelle von Überhandknoten verbunden. Dabei werden die losen Enden zum Schluss durch den jeweils gegenüberliegenden Knoten gesteckt. Ein sicherer und gut lösbarer Verbindungsknoten für mittelstarkes Tauwerk.

Bewertung

Stärke
Sicherheit
Schwierigkeit zu binden
Schwierigkeit zu lösen
Praktischer Nutzen

1 Formen Sie zwei ineinander liegende Augen.

2 Führen Sie die losen Enden hinter ihren stehenden Parten herum, so wie bei einem Achtknoten.

3 Stecken Sie jedes der losen Enden durch das anfangs gebildete Auge der jeweils anderen Leine.

Knoten-Know-how

Angeblich durfte unter dem Kommando des amerikanischen Fliegerhelden Charles Rosendahl nur ein Zeppelinstek verwendet werden, um Luftschiffe am Boden zu sichern. So wurde dieser Knoten in der Navy noch bis zur Einstellung der Zeppelineinsätze 1962 verwendet. Seinen Namen erhielt der Knoten aber erst 1967 von der Zeitschrift *Boating Magazine*.

4 Ziehen Sie zuerst die Achtknoten einzeln fest. Ziehen Sie dann die beiden stehenden Parten in entgegengesetzte Richtungen, um den Knoten zu festigen.

Trossenstek

Man sagt, der Trossenstek käme einem perfekten Verbindungsknoten am nächsten. Im Englischen wird dieser Knoten »Carrick Bend« genannt, was sich vermutlich auf die Carrick Roads bezieht, jener langgezogenen Bucht vor dem englischen Ort Falmouth, einem der wichtigsten Häfen zur Zeit der Segelschifffahrt. Verwenden Sie den Trossenstek, um starke Festmacher zu verbinden oder um dekorative Bändsel oder Matten herzustellen.

Knotenknüpfer lieben den Trossenstek, denn mit ihm gelingt, es gutes Aussehen mit Funktionalität zu verbinden. Einerseits schmeichelt seine einfache und fortlaufende Symmetrie dem Auge, andererseits macht ihn seine pure Zweckmäßigkeit zur ersten Wahl, um schwere und unhandliche Leinen und Trossen zu verbinden, die sich zu gar keinem anderen Knoten formen ließen. Dazu kommt, dass er immer lösbar bleibt, äußerst sicher hält und bei Nässe nur noch stärker wird.

Kein Wunder also, dass Ashley den Trossenstek in die Nähe des imaginären »Perfekten Knoten« rückt. Einziger Nachteil ist seine klobige Form, wenn er sich ganz zusammenzieht, wie in der Abbildung gezeigt. Um das zu vermeiden, werden die Enden beigebändselt. So behält der Trossenstek seine eigentliche Form, gleitet besser durch Klüsen und behält all seine genannten Vorzüge.

Doch nicht nur schwere Festmacher lassen sich mit dem Trossenstek verbinden, er kann auch in die Länge fortgesetzt werden, um ein dekoratives Bändsel zu bilden, oder er kann flächig fortgesetzt werden, sodass eine Matte entsteht. Man sieht den Trossenstek auch in diversen Logos, so auch im Wappen des englischen Verwaltungsbezirks Carrick, zu dem der große Naturhafen Carrick Roads gehört.

1 Machen Sie ein Auge unterhand in das Ende der einen Leine und legen Sie es über die andere Leine.

Bewertung

Stärke

Sicherheit

Schwierigkeit zu binden

Schwierigkeit zu lösen

Praktischer Nutzen

2 Führen Sie das Ende der zweiten Leine über die stehende Part und unter dem losen Ende der ersten Leine durch.

3 Stecken Sie das lose Ende unter seiner eigenen Part durch und führen es über das Auge der anderen Leine.

4 Ziehen Sie die beiden stehenden Parten in entgegengesetzte Richtungen, um den Knoten zu festigen.

Offener Trossenstek

Wie so oft kann ein Knoten um einen weiteren Törn ergänzt werden, um einen »neuen« Knoten zu formen. So entsteht aus dem Trossenstek der offene Trossenstek, der sich weniger fest zuzieht, etwas leichter zu lösen ist und auch etwas stärker sein dürfte. Andererseits ist er klobiger und wirkt etwas unförmig.

Bewertung

Stärke
Sicherheit
Schwierigkeit zu binden
Schwierigkeit zu lösen
Praktischer Nutzen

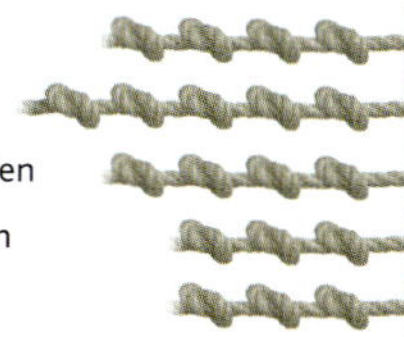

1 Formen Sie ein Überhandauge in die eine Leine. Führen Sie die andere Leine durch das Auge, dann zwischen den beiden Parten durch und wieder durch das Auge.

2 Führen Sie das Ende noch einmal herum, um den zweiten Törn zu formen.

3 Ziehen Sie den Knoten fest und bändseln Sie beide Enden an die stehenden Parten (falls das erste nicht bereits beigebändselt wurde, s. Abb. 1).

Spanischer Trossenstek

Man könnte leicht glauben, dass starkes Festziehen eines Knotens seine Eigenschaften verbessert. Tatsächlich macht man ihn dadurch zwar sicherer, schwächt aber gleichzeitig die Leine. Beim Spanischen Trossenstek geben die zusätzlichen Bändsel dem Knoten mehr Sicherheit und bewahren ihn gleichzeitig davor, sich zu fest zuzuziehen (Vgl. Seite 98, Scherleinenknoten).

Bewertung

- Stärke
- Sicherheit
- Schwierigkeit zu binden
- Schwierigkeit zu lösen
- Praktischer Nutzen

1 Binden Sie einen Trossenstek wie üblich. Formen Sie dazu ein Auge unterhand in die eine Leine und legen es über die andere Leine.

2 Führen Sie das lose Ende der zweiten Leine über die stehende Part der ersten Leine.

3 Führen Sie das lose Ende der zweiten Leine unter dem Ende der ersten Leine durch und dann innerhalb des Auges unter seiner eigenen stehenden Part durch.

4 Die Enden müssen mit mindestens einem Bändsel an die stehenden Parten getakelt werden. Für eine dauerhafte Verbindung und eine bessere Form sollten auf jeder Seite noch zwei weitere Bändsel wie gezeigt angebracht werden.

Chirurgenknoten

Genau genommen dient der Chirurgenknoten, genau wie der Kreuzknoten (Seite 156), dem Abbinden und Verschnüren und nicht dem Verbinden zweier Leinen. Da mit ihm jedoch häufig zwei Enden Garn zusammengeknotet werden, ist er in diesem Kapitel enthalten. Verwenden Sie ihn zum Verbinden nur bei Schnüren und Garnen mit dünnem Durchmesser. Er ist auf jeden Fall sicherer als der Kreuzknoten.

Bewertung

Stärke
Sicherheit
Schwierigkeit zu binden
Schwierigkeit zu lösen
Praktischer Nutzen

1 Legen Sie die Enden über Kreuz.

2 Wickeln Sie die Enden beider Leinen um die jeweils andere stehende Part.

3 Wickeln Sie die Enden noch einmal um die stehenden Parten.

4 Schließen Sie ab wie bei einem Überhandknoten. Die Enden müssen neben ihren eigenen stehenden Parten hervortreten.

Simple Simon

Der Simple Simon ist erst 30 Jahre alt und ein weiterer »neuer« Knoten des erfindungsreichen Harry Asher. Wie alle guten Knoten besticht er durch elegante Einfachheit. Allerdings bietet der doppelte Simple Simon (Seite gegenüber) mehr Sicherheit. Verwenden Sie diesen Knoten als Alternative zum Schotstek (Seite 80), um Seile mit unterschiedlichem Durchmesser zu verbinden.

Bewertung

Stärke

Sicherheit

Schwierigkeit zu binden

Schwierigkeit zu lösen

Praktischer Nutzen

1 Formen Sie mit der dicken Leine eine Bucht und legen Sie die dünnere Leine durch die Bucht und unter die stehende Part.

2 Machen Sie mit der dünneren Leine einen Törn um beide Parten der Bucht.

3 Führen Sie das lose Ende diagonal über sich selbst und stecken Sie es von unten nach oben durch die ursprüngliche Bucht. Es muss neben seiner eigenen stehenden Part hervortreten.

4 Halten Sie das lose Ende und die stehende Part zu beiden Seiten des Knotens und ziehen Sie ihn fest.

Doppelter Simple Simon

Manchmal verschlechtert ein zusätzlicher Törn einen Knoten, anstatt ihn zu verbessern. Im Fall des Simple Simon jedoch bietet der Extratörn aber auf jeden Fall ein zusätzliches Maß an Sicherheit. Binden Sie einen Konstriktor (Seite 38) um beide Parten der Bucht, um eine noch dauerhaftere Verbindung zu schaffen.

Bewertung

Stärke

Sicherheit

Schwierigkeit zu binden

Schwierigkeit zu lösen

Praktischer Nutzen

1 Formen Sie mit der dicken Leine eine Bucht und legen Sie die dünnere Leine durch die Bucht und unter die stehende Part.

2 Legen Sie das lose Ende der dünneren Leine über die Bucht.

3 Führen Sie das lose Ende unter der Bucht wieder zurück für einen ersten, ganzen Törn.

4 Führen Sie das lose Ende erneut um die Bucht herum und über Kreuz.

5 Führen Sie das lose Ende noch einmal diagonal über sich selbst und von unten nach oben durch die Bucht hinaus. Es muss neben seiner eigenen stehenden Part aus der Bucht austreten.

6 Halten Sie das lose Ende und die stehende Part zu beiden Seiten des Knotens und ziehen Sie ihn fest.

Lose-Leinen-Knoten

Der Lose-Leinen-Knoten kann genau wie der einfache Stopper (Seite 104) auch als Befestigungsknoten verwendet werden. Da in der Praxis mit diesem Knoten aber eine dünne Leine an einer sehr dicken Leine festgemacht wird, ist er hier bei den Verbindungsknoten enthalten. Verwenden Sie ihn als Alternative zum Hievleinenknoten, speziell bei Leinen, die so dick sind, dass sie nicht leicht umgebogen werden können.

Bewertung

Stärke
Sicherheit
Schwierigkeit zu binden
Schwierigkeit zu lösen
Praktischer Nutzen

1 Legen Sie einen Törn mit der dünnen Leine um die dicke Leine (oder wie hier um die Stange) und führen Sie das Ende über die stehende Part.

2 Machen Sie noch einen Törn mit dem losen Ende, führen Sie es dabei über Kreuz zurück und unter der stehenden Part durch.

3 Legen Sie neben den beiden Törns noch einen dritten Törn und stecken Sie das lose Ende unter der stehenden Part durch.

4 Ziehen Sie den Knoten erst am losen Ende fest und dann an der stehenden Part parallel zu der dicken Leine oder Stange.

Knoten-Know-how

Clifford Ashley testete für sein Buch, *Das Ashley-Buch der Knoten*, mehrere Verbindungsknoten auf ihre Sicherheit. Abgesehen von einem komplizierten Knoten, den er selbst erfunden hatte, lautet die Rangliste:

Blutknoten (Seite 85)
Ringknoten (hier nicht gezeigt)
Trossenstek (Seite 88)
Fischerknoten (Seite 100)
Doppelter Schotstek (Seite 81)

Bekneifknoten

Bewertung

Stärke
Sicherheit
Schwierigkeit zu binden
Schwierigkeit zu lösen
Praktischer Nutzen

Manchmal möchte man eine Leine in der Bucht einer anderen Leine mit einem richtigen Verbindungsknoten anstelle eines Befestigungssteks wie dem Lose-Leinen-Knoten festmachen. Das klingt unmöglich, da man Verbindungsknoten für gewöhnlich mit den Enden der beiden Leinen macht. Doch mit dem Bekneifknoten hat man den richtigen Dreh – im wörtlichen Sinn!

1 Legen Sie mit dem losen Ende zwei Törns um die gestreckte Länge der anderen Leine.

2 Führen Sie das lose Ende in derselben Richtung wie die beiden Törns unter seiner eigenen stehenden Part durch.

3 Ziehen Sie am losen Ende und verdrehen Sie die andere Leine gleichzeitig so, dass sie umkippt und ein Auge bildet. Stecken Sie das lose Ende durch das Auge.

4 Ziehen Sie den Knoten fest. In der Abbildung ist das Ende der blauen Leine zwar sichtbar, aber der Knoten wurde in der Bucht gebunden, ohne das Ende zu verwenden.

Verstellbarer Verbindungsknoten

Das ist eine Methode für eine Verbindung, die in der Länge verstellt werden kann, ohne einen Knoten lösen zu müssen. Verwenden Sie sie anstelle von Gummileinen oder einem Expander, um z. B. Steckschotten oder ein Fernglas zu sichern oder um die Wanten vom Mast wegzuspannen.

Bewertung

Stärke
Sicherheit
Schwierigkeit zu binden
Schwierigkeit zu lösen
Praktischer Nutzen

1 Machen Sie mit der einen Leine einen Törn um die andere Leine.

2 Führen Sie das lose Ende diagonal über seine eigene stehende Part und machen Sie einen weiteren diagonalen Törn parallel zum ersten.

3 Führen Sie das lose Ende über seine eigene stehende Part und machen Sie einen weiteren Törn auf der anderen Seite. Stecken Sie das Ende unter sich selbst durch, um den ersten Stopperstek (Seite 37) fertigzustellen.

4 Machen Sie einen Törn mit dem zweiten losen Ende um die andere Leine.

5 Legen Sie wieder zwei diagonale Törns parallel nebeneinander wie zuvor und stecken Sie das lose Ende unter sich selbst durch, um den zweiten Stopperstek zu binden.

6 Ziehen Sie die beiden Stoppersteke zuerst einzeln fest, bevor Sie die gesamte Verbindung an den stehenden Parten festziehen.

Palstek-Verbindung

Für alle Anhänger des Palsteks (und wer ist das nicht?) könnte die Palstek-Verbindung die ideale Lösung sein. Man benötigt zwar etwas mehr Zeit, um die beiden Schenkel in die gleiche Länge zu bringen, aber die klare Symmetrie des Knotens ist immer wieder schön anzuschauen. Verwenden Sie eine weiße und eine schwarze Leine für eine perfekte Yin-Yang-Palstek-Verbindung.

Bewertung

Stärke
Sicherheit
Schwierigkeit zu binden
Schwierigkeit zu lösen
Praktischer Nutzen

1 Machen Sie ein Überhandauge in das Ende der einen Leine.

2 Führen Sie das lose Ende der anderen Leine von unten durch das Auge.

3 Führen Sie das lose Ende hinter der stehenden Part herum und stecken Sie es zurück durch das Auge, um den ersten Palstek zu binden. Machen Sie ein Überhandauge in die zweite Leine und führen Sie das Ende durch das Auge.

4 Vervollständigen Sie den zweiten Palstek und richten Sie die beiden Schenkel in gleicher Länge aus. Ziehen Sie den Knoten fest. Es gelten die gleichen Sicherheitswarnungen wie beim einfachen Palstek (siehe Seite 112).

Scherleinenknoten

Sicherheit ist in der Regel die wichtigste Eigenschaft eines Knotens, wer aber einen Scherleinenknoten macht, der möchte einen langen, schlanken Verbindungsknoten, der gut über Lippklampen und durch Klüsen läuft. Mit zwei Bändseln an den Enden ist er sicher genug und bestimmt stärker als seine komplizierteren Mitstreiter.

Bewertung

Stärke
Sicherheit
Schwierigkeit zu binden
Schwierigkeit zu lösen
Praktischer Nutzen

Kein Zweifel, die beste Art, zwei Leinen zu verbinden, ist, sie zu verspleißen (Seite 256 ff.). Knoten wie z. B. der Palstek reduzieren die Bruchlast einer Leine um ungefähr 40 Prozent. Bei einem Spleiß bleiben dagegen etwa 95 Prozent der Bruchlast erhalten.

In Anbetracht des Zeitaufwands und der handwerklichen Fertigkeit, wie sie zum Spleißen nötig sind, wundert es jedoch nicht, dass auf den meisten Booten Leinen mit Knoten verbunden werden. Das hat wiederum den Vorteil, dass die Verbindung auch gelöst werden kann, sollte kein Bedarf mehr für eine so lange Leine bestehen.

Die gebräuchlichste Art, zwei Leinen zu verbinden, dürften dagegen zwei Palstekschlaufen sein (Seite 112). Etwas raffinierter ist da schon die Palstek-Verbindung (Seite 97) und für Leinen, die so dick sind, dass sie schlecht zu einer engen Bucht oder Auge geformt werden können, gibt es den Trossenstek (Seite 88).

Bei Knoten ist es im Gegensatz zu einem Spleiß unumgänglich, dass eine Verdickung entsteht, die an Klüsen und Lippklampen leicht hängenbleiben kann. Eine solche Verdickung erzeugt auch im Wasser zusätzlichen Widerstand, beispielsweise bei einer Schleppleine.

So entstand unter den Obergriffen Trossenstek oder Kabelstek eine eigene Untergruppe an Knoten, die sich nicht eng zusammenziehen sollen und deren Enden deshalb beigebändselt werden. Solche Knoten laufen nicht nur besser durch Klüsen und um Winschen, sie schonen auch die dicken Leinen und sorgen so für eine stärkere Verbindung.

Der klassische Trossenstek kann mit beigebändselten Enden gebunden werden (Seite 88), genau wie der Schotstek (Seite 80). Die beste Wahl in vielen Anwendungen dürfte aber der Scherleinenknoten sein.

1 Legen Sie die Enden so, dass sie sich etwa 0,5–0,6 Meter überlappen. Ein Ende soll über und ein Ende soll unter der jeweils anderen stehenden Part sein.

2 Stecken Sie die Enden unter sich selbst durch, um zwei Halbe Schläge zu bilden.

3 Lassen Sie die Enden mindestens 75–100 Millimeter überstehen, um sie beizubändseln.

Doppelter Scherleinenknoten

Bewertung
- Stärke
- Sicherheit
- Schwierigkeit zu binden
- Schwierigkeit zu lösen
- Praktischer Nutzen

Eigentlich geben die beiden Bändsel dem Scherleinenknoten ausreichend Sicherheit, dennoch gibt es Situationen, in denen man besser noch einen zweiten Halben Schlag auf beiden Seiten macht. Das ist vor allem bei besonders glatten Leinen, wie z. B. bei Hochmodulfaser-Tauwerk aus Dyneema oder Spectra, der Fall. Ein Traditionsknoten für modernes Tauwerk? Warum nicht!

1 Machen Sie zwei Halbe Schläge um die stehenden Parten der beiden Leinen wie beim einfachen Scherleinenknoten. Fügen Sie dann je einen Halben Schlag auf beiden Seiten hinzu. Achten Sie auf ausreichend lange Enden für die Bändsel.

2 Bändseln Sie die Enden zu der stehenden Part der jeweils anderen Leine. (Für Bändsel siehe Seiten 254–255.) Als Bändsel für kurzzeitigen Einsatz kann auch ein Konstriktor (Seite 38) gemacht werden.

4 Richten Sie die Halben Schläge so aus, dass die beiden Parten die gleiche Länge haben, und sichern Sie die Enden mit Bändseln wie oben beschrieben.

Fischerknoten

Der Fischerknoten ist das Gegenteil des Scherleinenknotens (Seite 98). Er besteht im Grunde aus zwei Überhandknoten um die stehende Part der jeweils anderen Leine und bildet eine starke Verdickung. Außerdem lässt er sich nach starker Belastung fast nicht mehr lösen. Dafür ist er erstaunlich sicher (besonders in der mehrfachen Ausführung) und kann selbst mit kalten Händen leicht gebunden werden.

Bewertung

Stärke

Sicherheit

Schwierigkeit zu binden

Schwierigkeit zu lösen

Praktischer Nutzen

1 Legen Sie einen Törn mit dem losen Ende um die stehende Part der anderen Leine und binden Sie einen Überhandknoten (Seite 148).

2 Machen Sie mit dem anderen Ende ebenfalls einen Überhandknoten um die andere stehende Part.

3 Ziehen Sie die Überhandknoten einzeln fest und dann erst den gesamten Knoten.

4 Ziehen Sie die Überhandknoten aneinander und dann die stehenden Parten in entgegengesetzte Richtungen, um den Knoten zu festigen.

Knoten-Know-how

Der Fischerknoten wird auch Englischer Knoten, Wasserknoten, Anglerknoten oder Liebesknoten genannt. Ursprünglich wurde er nur für Angelschnüre verwendet, dabei bietet er viele weitere Einsatzmöglichkeiten.

Doppelter Fischerknoten

Da man den Fischerknoten nur dort einsetzt, wo eine Verdickung nicht stört, kann man auch gleich den sichereren doppelten Fischerknoten binden. Er ist allerdings ebenso schwer lösbar. Verbindet man zwei Festmacher mit diesem Knoten, so kann man sie nach wenigen Tagen nur noch auseinander schneiden. Bei glatten Leinen, z. B. Dyneema, kann der doppelte Fischerknoten jedoch genau das Richtige sein.

Bewertung

Stärke	4
Sicherheit	5
Schwierigkeit zu binden	3
Schwierigkeit zu lösen	5
Praktischer Nutzen	4

1 Machen Sie zwei Törns mit den Enden der Leinen um die stehende Part der jeweils anderen Leine.

2 Stecken Sie die Enden durch die Törns, um zwei doppelte Überhandknoten zu bilden.

3 Ziehen Sie diese erst einzeln fest und dann die stehenden Parten in entgegengesetzte Richtungen, um den Knoten zu festigen.

Dreifacher Fischerknoten

Dieser Knoten ist die ultimative Lösung zum Verbinden glatter Leinen z. B. aus Dyneema oder Spectra. Er ist auch unter Kletterern sehr beliebt, um eine sichere Schlaufe zu formen, die nicht schnell aufgeknotet werden muss.

Bewertung

Stärke	5
Sicherheit	5
Schwierigkeit zu binden	3
Schwierigkeit zu lösen	5
Praktischer Nutzen	5

1 Machen Sie drei Törns mit den Enden der Leinen um die stehende Part der jeweils anderen Leine.

2 Ziehen Sie die dreifachen Überhandknoten erst einzeln fest und ziehen Sie dann die stehenden Parten in entgegengesetzte Richtungen, um den Knoten zu festigen.

Strecktauknoten

Bewertung

Stärke
Sicherheit
Schwierigkeit zu binden
Schwierigkeit zu lösen
Praktischer Nutzen

Viele Verbindungsknoten sind nur für Leinen mit gleichem oder annähernd gleichem Durchmesser geeignet. Soll aber eine dünne Wurfleine mit einem schweren Festmacher verbunden werden, hat man sogar mit einem Schotstek Schwierigkeiten. Hier kommt der Strecktauknoten zum Einsatz, der auch dann angewendet werden kann, wenn der Festmacher am Ende einen Augspleiß hat.

1 Der Strecktauknoten kann an einem Augspleiß oder am Ende einer Leine (wie hier gezeigt) angeschlagen werden.

2 Formen Sie mit der dicken Leine eine Bucht. Führen Sie das lose Ende der dünnen Leine durch die Bucht und um die stehende Part der dicken Leine herum.

3 Legen Sie einen Törn um die Bucht und führen Sie das lose Ende zurück über die stehende Part.

4 Legen Sie das lose Ende in einer Reihe von Achten um die Bucht.

5 Stecken Sie das lose Ende unter sich selbst durch, damit es sich bekneift. Ziehen Sie den Knoten an beiden Parten der dicken Leine und an der stehenden Part der dünnen Leine fest.

Hievleinenknoten

Wenn es schnell gehen muss und man nicht genügend Zeit für den Strecktauknoten (Seite gegenüber) hat, eignet sich der Hievleinenknoten. Doch sollte dieser Knoten nur für kurzzeitige Anwendungen eingesetzt werden. Eine Ausnahme findet man an dem dreisaitigen Shamisen, einem japanischen Lauteninstrument, bei dem die Saiten mit diesem Knoten an Seidenschlaufen dauerhaft befestigt werden.

Bewertung

- Stärke
- Sicherheit
- Schwierigkeit zu binden
- Schwierigkeit zu lösen
- Praktischer Nutzen

1 Mit dem Hievleinenknoten werden Leinen mit stark unterschiedlichem Durchmesser verbunden, z. B. eine Wurfleine mit einem Festmacher oder eine Shamisen-Saite mit einer Seidenschlaufe.

2 Formen Sie am Ende der dicken Leine eine Bucht und legen Sie das lose Ende der dünnen Leine darüber.

3 Führen Sie das lose Ende der dünnen Leine um die stehende Part der dicken Leine herum und legen Sie es über sich selbst.

4 Stecken Sie das lose Ende unter dem ersten Törn durch. Ziehen Sie an beiden Parten der dicken Leine und an der stehenden Part der dünnen Leine in entgegengesetzte Richtungen, um den Knoten zu festigen.

Einfacher Stopper

Das Ende einer wirklich schweren Trosse ist zu steif, um es in eine Bucht zu legen oder zu einem Knoten zu formen. In diesem Fall kann man einen der Steke für Spieren aus dem zweiten Kapitel verwenden (z. B. den Leesegelstek, Seite 52) oder einen der beiden Clara-Knoten (Seiten 60–61). Aber auch der einfache Stopper kann sehr nützlich sein. Er wurde früher verwendet, um Blöcke an Wanten anzuschlagen.

Bewertung

- Stärke
- Sicherheit
- Schwierigkeit zu binden
- Schwierigkeit zu lösen
- Praktischer Nutzen

1 Legen Sie einen Törn mit der dünnen Leine um die stehende Part der dicken Leine.

2 Machen Sie einen weiteren Törn mit der dünnen Leine, diesmal aber um das lose Ende der dicken Leine.

3 Führen Sie die dünne Leine in der anderen Richtung um ihre eigene stehende Part herum und legen Sie zwei oder drei weitere Törns um die dicke Leine.

4 Stecken Sie das lose Ende unter sich selbst durch und ziehen Sie den Knoten fest. Die dünne Leine muss dem Schlag der dicken Leine folgen. Sonst binden Sie den Knoten noch einmal neu in die andere Richtung.

Sansome-Knoten

Dieser Knoten stammt aus den Webereien des 19. Jahrhunderts und ist eine gelungene Weiterentwicklung des Schotsteks (Seite 80). Der am Anfang zusätzlich gemachte Törn beim Sansome-Knoten erhöht die oft als unzureichend gerügte Sicherheit des ansonsten identischen Schotsteks. Verwenden Sie diesen Knoten, um Gummileinen oder anderes widerspenstiges Tauwerk zu verbinden.

Bewertung	
Stärke	
Sicherheit	
Schwierigkeit zu binden	
Schwierigkeit zu lösen	
Praktischer Nutzen	

1 Formen Sie eine Bucht mit dem Ende der dicken Leine und legen Sie das Ende der dünnen Leine darunter.

2 Legen Sie zwei Törns um das lose Ende der dicken Leine.

3 Machen Sie in derselben Richtung einen Törn um die stehende Part der dicken Leine.

4 Stecken Sie das lose Ende der dünnen Leine unter den beiden Törns durch.

5 Ziehen Sie an beiden Parten der dicken Leine und an der stehenden Part der dünnen Leine in entgegengesetzte Richtungen, um den Knoten zu festigen.

Geflochtene Verbindung

Hier haben wir eine ganz andere Art der Verbindung zweier Leinen. Eigentlich entspricht sie einem einfachen Mädchenzopf mit einer zum Schluss eingesetzten Schlaufe, die das lose Ende hält. Genau wie die geflochtene Schlaufe (Seite 128) hat auch diese starke Verbindung eine eigene Elastizität, die Schockbelastungen gut auffangen kann. Verwenden Sie sie am besten für dünne und glatte Leinen.

Bewertung

Stärke
Sicherheit
Schwierigkeit zu binden
Schwierigkeit zu lösen
Praktischer Nutzen

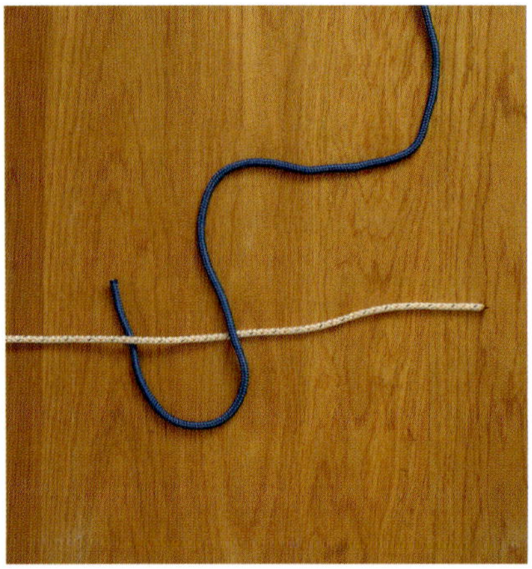

1 Legen Sie mit der einen Leine eine Bucht um die andere Leine.

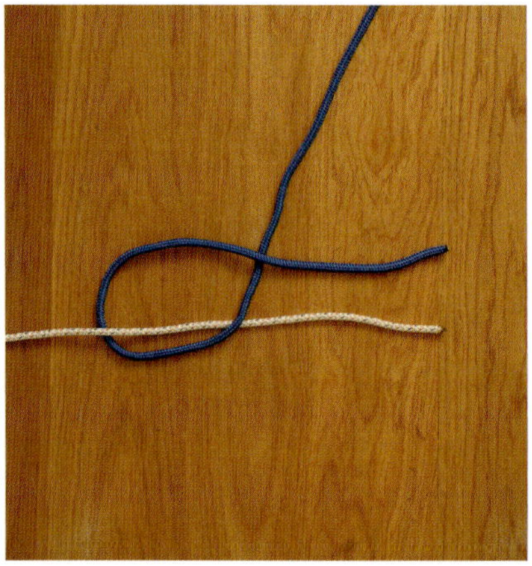

2 Führen Sie das lose Ende der ersten Leine über seine eigene stehende Part, um ein Überhandauge zu bilden.

3 Legen Sie das lose Ende der zweiten Leine über das Ende der ersten Leine.

4 Überkreuzen Sie die Leinen abwechselnd von einer Seite zur anderen, als würden Sie einen Zopf flechten.

5 Fahren Sie fort, bis nur noch ungefähr 30 cm der zweiten Leine überstehen.

6 Legen Sie eine Bucht in das Ende der zweiten Leine und flechten Sie weiter wie zuvor.

7 Ist das Ende der Bucht erreicht, stecken Sie das andere lose Ende durch und schneiden die überstehenden Enden ab.

8 Ziehen Sie die stehenden Parten in entgegengesetzte Richtungen, um die Flechtung zu festigen.

Schlaufenknoten

4

Überhandschlaufe

Überhandknoten werden auf See kaum verwendet, da sie so schwer lösbar sind. Manchmal kann eine einfache Überhandschlaufe aber auch sehr praktisch sein, gerade als dauerhafter Schlaufenknoten. Man kann sie schnell und in der Bucht binden, was viel Zeit spart, wenn eine ganze Reihe Schlaufen in eine Leine geknotet werden muss.

Bewertung

Stärke
Sicherheit
Schwierigkeit zu binden
Schwierigkeit zu lösen
Praktischer Nutzen

1 Legen Sie eine Bucht in die Leine. Das kann an einem der Enden oder an einem beliebigen Punkt dazwischen sein.

2 Machen Sie mit der Bucht ein Auge unterhand.

3 Stecken Sie die Bucht durch das Auge.

4 Richten Sie die Schlaufe in die gewünschte Größe und ziehen Sie den Knoten fest.

Knoten-Know-how

Es gibt noch eine andere Art, die Achtknotenschlaufe (Seite gegenüber) zu binden. Beginnen Sie wie bei einer Überhandschlaufe und nehmen Sie die Leine in der Bucht. Führen Sie die Bucht aber noch einmal hinter der stehenden Part herum wie bei einem Achtknoten und stecken Sie sie dann durch das Auge. Die Achtknotenschlaufe ist etwas leichter zu lösen als die Überhandschlaufe.

Achtknotenschlaufe

Ein Schlaufenknoten, der auf einem so einfachen Knoten wie dem Achtknoten aufbaut, hat den Vorteil, dass er auch in Momenten größter Anspannung und Hektik noch gelingt. Sieht man also den Wald vor lauter Bäumen nicht oder weiß nicht mehr wohin mit dem losen Ende beim Palstek (Seite 112), kann die Achtknotenschlaufe die Rettung in der Not sein. Verwenden Sie ihn überall dort, wo Sie auch einen Palstek verwenden.

Bewertung

- Stärke
- Sicherheit
- Schwierigkeit zu binden
- Schwierigkeit zu lösen
- Praktischer Nutzen

1 Binden Sie einen Achtknoten in die stehende Part. Führen Sie das lose Ende durch die letzte Schlaufe des Achtknotens zurück. Das Ende muss lang genug bleiben.

2 Führen Sie das lose Ende durch den Knoten zurück, erst unter sich selbst und der stehenden Part durch, …

3 … dann über die stehende Part weiter herum und durch das Auge.

4 Das lose Ende sollte neben der unteren Part der Schlaufe austreten.

5 Richten Sie die Schlaufe in die gewünschte Größe und ziehen Sie den Knoten fest.

Palstek

Er ist der König der Knoten. Seit mindestens 500 Jahren bindet der Segler eine Schlaufe am liebsten mit einem Palstek. Unangefochten erfüllt er alle Anforderungen, ist sicher, stark und leicht zu lösen. Doch seine Vorherrschaft ist in Gefahr, nicht etwa durch neue Segeltechnik oder einen neu erfundenen Knoten, sondern durch modernes Tauwerk. Die modernen Hightech-Materialien sind so glatt, dass sogar der allmächtige Palstek Schwierigkeiten hat, sie festzuhalten.

Bewertung

Stärke
Sicherheit
Schwierigkeit zu binden
Schwierigkeit zu lösen
Praktischer Nutzen

»Selbst der Teufel wär' ein guter Segler, könnte er nur einen Palstek binden.« Der Palstek ist einfach Kult und wird sofort mit Segeln und dem Meer in Verbindung gebracht. Auch die größte Landratte weiß, dass Segler Rum trinken und einen Palstek beherrschen. Dabei ist alles Lob für diesen Knoten durchaus berechtigt. Anders als der Webeleinstek (Seite 32), der weit verbreitet ist, obwohl er grundlegende Mängel aufweist, erfüllt der König der Knoten seine Aufgaben gewissenhaft. Zugegeben, perfekt ist auch er nicht und unter bestimmten Umständen kann er sich lösen oder umkippen.

Richtig gebunden ist er jedoch stark und sicher und kann dank seiner Form immer gut gelöst werden (siehe Seite gegenüber). Für viele Segler ist und bleibt er der einzige Schlaufenknoten.

Ursprünglich wurde der Palstek verwendet, um die Bulinen an den Rahsegeln zu befestigen. Das waren Leinen, die bei Am-Wind-Kursen das luvseitige Liek der Segel nach vorn spannten, damit es nicht back kommen, d. h. Wind von der falschen Seite bekommen konnte. Man nennt den Palstek daher auch heute noch Bulinknoten.

Schon im Jahre 1627 schrieb Captain John Smith in seinem Werk *A Seaman's Grammar & Dictionary*, wie gut der Bulinknoten hält und dass eher die Legel und die Spruten und die Segel selbst reißen würden, bevor sich ein Bulinknoten löst.

Trotzdem gibt es Situationen, in denen der Palstek nicht hält, besonders bei modernen Leinen, deren Oberfläche viel glatter ist als die von traditionellem Tauwerk. Selbst die im Folgenden noch gezeigten sichereren Versionen des Palsteks (Seiten 115–116) reichen oftmals nicht aus. Leinen aus Dyneema oder Spectra sollten daher immer gespleißt werden (siehe Verjüngung in Dyneema-Tauwerk auf Seite 274).

So könnte es sein, dass nach 500-jähriger Herrschaft auf den windumtosten Decks rund um den Erdball ein Nachfolger für den Palstek gefunden werden muss.

1 Legen Sie ein Überhandauge nahe am Ende der Leine. (Bei der bekannten Eselsbrücke ist das Auge der See, die stehende Part der Baum und das lose Ende die Schlange.)

2 Führen Sie das lose Ende durch das Auge. (Die Schlange kommt aus dem See.)

3 Führen Sie das lose Ende hinter der stehenden Part herum. (Die Schlange geht um den Baum.)

4 Stecken Sie das lose Ende zurück durch das Auge und ziehen Sie den Knoten fest. (Die Schlange gleitet zurück in den See.)

Den Palstek lösen

Einen Knoten, den man auch nach stärkster Belastung immer leicht lösen kann, muss man einfach lieben. Im Prinzip ist der Palstek gleich einem Schotstek (Seite 80), der mit dem Ende zu sich selbst geknotet wurde und so eine Schlaufe ergibt. Sein einziger Nachteil ist, dass er weder gelöst noch gebunden werden kann, während die stehende Part belastet ist. Aber das ist ein kleiner Preis bei einem so nützlichen Knoten.

Um einen Palstek aufzuknoten, schiebt man den oberen Törn entlang der stehenden Part nach oben. So lockert man den Knoten und kann ihn leicht lösen.

Express-Palstek

Die Schlange-um-den-Baum-Methode (Seite 112) ist zwar sehr beliebt, es gibt aber noch eine schnellere Art, einen Palstek zu binden. Und nicht nur das, der Express-Palstek kann sogar einhändig gemacht werden – das ist spätestens dann nützlich, wenn man über Bord fällt und gerade noch eine Leine zu fassen bekommt, die man sich schnell um den Körper binden muss, während man sich verzweifelt festhält.

Bewertung

Stärke
Sicherheit
Schwierigkeit zu binden
Schwierigkeit zu lösen
Praktischer Nutzen

1 Legen Sie ein großes Auge und kreuzen Sie mit dem losen Ende über die stehende Part.

2 Halten Sie das lose Ende fest und verdrehen Sie die stehende Part zu einem Überhandauge (dem See).

3 Führen Sie das lose Ende um die stehende Part herum. (Die Schlange geht um den Baum.)

4 Stecken Sie das lose Ende zurück durch das Überhandauge (die Schlange gleitet zurück in den See) und ziehen Sie den Knoten fest.

Palstek mit Durchstich

Trotz aller Lobpreisung ist der Palstek (Seite 112) nicht jedermanns Sache. So behauptete Captain Alfred Henry Alston im Jahre 1871, dass ein Palstek unter hoher Last oft umkippt. Er empfahl den Palstek mit Durchstich für mehr Sicherheit. Die Methode ist durchaus bewährt und besonders für modernes Tauwerk geeignet.

Bewertung

Stärke
Sicherheit
Schwierigkeit zu binden
Schwierigkeit zu lösen
Praktischer Nutzen

1 Legen Sie das Auge entweder nach der Schlange-um-den-Baum-Methode (Seite 112) oder so wie beim Express-Palstek (Seite gegenüber).

2 Führen Sie das lose Ende durch das Auge, um die stehende Part und wieder zurück durch das Auge, wie zum klassischen Palstek.

3 Führen Sie das lose Ende um die nebenliegende Part der Palstekschlaufe und stecken Sie es unter sich selbst durch wie gezeigt.

4 Ziehen Sie das Ende und die stehende Part in die eine und das Auge in die entgegengesetzte Richtung, um den Knoten zu festigen.

Palstek mit Bändsel

Eine doppelte Sicherung hat noch niemandem geschadet. Wer mit einem Bändsel am Palstek ruhiger schläft, der sollte eines machen, ob bei einem Palstek mit Durchstich oder bei einem klassischen Palstek.

Machen Sie einen Palstek und binden Sie das lose Ende an die stehende Part, entweder mit einem Knoten wie dem Konstriktor (Seite 38) oder mit einem richtigen Bändsel (Seite 254).

Bewertung

Stärke
Sicherheit
Schwierigkeit zu binden
Schwierigkeit zu lösen
Praktischer Nutzen

Wasserpalstek

Diese Palstek-Variante ist für nasse und glitschige Leinen gedacht, aber auch gut geeignet für modernes glattes Tauwerk, bei dem der normale Palstek aufgehen kann. Der Unterschied ist, dass anstatt des einfachen Auges in der stehenden Part hier ein Webeleinstek (Seite 32) gemacht wird, wodurch die Sicherheit des Knotens deutlich erhöht wird.

Bewertung

Stärke
Sicherheit
Schwierigkeit zu binden
Schwierigkeit zu lösen
Praktischer Nutzen

1 Machen Sie ein Auge überhand, also mit dem losen Ende über der stehenden Part.

2 Machen Sie darunter noch ein Auge überhand. Vergewissern Sie sich, dass das lose Ende wieder oben liegt.

3 Führen Sie das lose Ende nach oben durch beide Augen. Achten Sie darauf, dass das lose Ende bei beiden Augen von unten durchgeführt wird.

4 Führen Sie das lose Ende um die stehende Part herum und neben sich selbst wieder zurück durch beide Augen.

5 Halten Sie die stehende Part gut fest und ziehen Sie erst das erste Auge, dann das zweite Auge fest zu. Siehe Knoten-Know-how für die richtige Länge des losen Endes.

Knoten-Know-how

Achten Sie darauf, dass das Ende beim fertigen Palstek lang genug ist. 10 Zentimeter sollten das Minimum sein. Binden Sie das Ende mit Takelgarn an die stehende Part, um die Sicherheit zu erhöhen.

Doppelter Palstek

Eine doppelte Schlaufe verteilt die Last und wurde früher auch als Haltegurt oder Bootsmannsstuhl verwendet. Der doppelte Palstek kann in der Bucht gebunden werden, sollte kein Ende der Leine zur Hand sein. Die elegante Art, wie hier die Schlaufe den Törn um die stehende Part ersetzt, kann man nur bewundern – unmöglich, dass das von allein aufgeht.

Bewertung

- Stärke
- Sicherheit
- Schwierigkeit zu binden
- Schwierigkeit zu lösen
- Praktischer Nutzen

1 Nehmen Sie die Leine doppelt und machen Sie ein Auge unterhand. Führen Sie die Bucht durch das Auge.

2 Öffnen Sie die Bucht und stülpen Sie sie außen über den gesamten Knoten.

3 Legen Sie die Bucht um die stehende Part und ziehen Sie sie an den beiden Schlaufen zu.

Knoten-Know-how

Doppelte Schlaufenknoten wie der doppelte Palstek und der Spanische Palstek (Seite 141) wurden ursprünglich als improvisierter Bootsmannsstuhl verwendet. Heutzutage ist es allein schon aus Haftungsgründen unmöglich, diese Praxis zu empfehlen, doch kann es nie schaden zu wissen, wozu ein Knoten früher einmal diente.

4 Ziehen Sie den Knoten an den Schlaufen und an den stehenden Parten fest.

Mittschiffsmann-Stek

Das ist ein alter Bekannter in neuer Aufmachung. Der Mittschiffsmann-Stek ist ein Stopperstek (Seite 37), der an die eigene stehende Part gebunden ist und so eine Schlaufe bildet. Der Stopperstek kann an der stehenden Part verschoben werden, um die Größe des Auges zu verstellen, bevor er festgezogen wird. An Land kann er gut an Abspannleinen für Zelte eingesetzt werden und auf See zum Spannen von Sonnensegeln.

Bewertung

Stärke
Sicherheit
Schwierigkeit zu binden
Schwierigkeit zu lösen
Praktischer Nutzen

1 Legen Sie einen Törn um den Befestigungspunkt, falls vorhanden, oder formen Sie lediglich eine Bucht am Ende der Leine.

2 Führen Sie das lose Ende um die stehende Part und durch das Auge.

3 Machen Sie außerhalb des Auges einen Törn um die stehende Part.

4 Führen Sie das Ende durch das Auge und machen Sie einen weiteren Törn außerhalb des Auges um die stehende Part. Stecken Sie dann das lose Ende unter sich selbst durch.

5 Ziehen Sie die Törns um die stehende Part fest und verschieben Sie sie, bis das Auge die gewünschte Größe hat. Ziehen Sie den Knoten dann noch einmal fest.

Anglerschlaufe

Wo ein unnachgiebiger Schlaufenknoten benötigt wird, der selbst in Gummi- und dünnen Leinen einen sicher hält, kommt die Anglerschlaufe wie gerufen. Ursprünglich verwendeten Angler diesen Knoten, um Schlaufen in Schnüre aus Darm zu binden. Die Anglerschlaufe bekneift sich so stark, dass sie in normalem Tauwerk kaum lösbar und höchsten für dauerhafte Augen in einem Festmacher geeignet ist.

Bewertung

- Stärke
- Sicherheit
- Schwierigkeit zu binden
- Schwierigkeit zu lösen
- Praktischer Nutzen

1 Machen Sie ein Überhandauge und legen Sie das lose Ende darunter.

2 Führen Sie das lose Ende durch das Auge, um einen Überhandknoten zu bilden, und legen Sie dann eine große Bucht.

3 Stecken Sie das lose Ende zurück durch das Auge und führen Sie es über die stehende Part.

4 Stecken Sie das Ende zwischen der Bucht und dem ursprünglichen Auge durch.

5 Ziehen Sie den Knoten fest. Das Ende sollte in annähernd rechtem Winkel austreten.

Bogensehnen-/Hondaknoten

Mit diesem Knoten wurde Amerika erobert – oder zumindest einige seiner wilden Tiere gezähmt. Cowboys verwendeten den Bogensehnen- oder Hondaknoten für ihre Lassos, denn er ist ideal für steife Leinen. An Bord eines Schiffes mag er weniger geeignet sein, aber man kann ja nie wissen, wann man auf einer einsamen Insel strandet.

Bewertung

Stärke
Sicherheit
Schwierigkeit zu binden
Schwierigkeit zu lösen
Praktischer Nutzen

1 Machen Sie einen Überhandknoten (Seite 148) am Ende der Leine. Belassen Sie das Ende aber ausreichend lang, um die Schlaufe zu bilden.

2 Führen Sie das lose Ende zurück durch das zuerst gemachte Auge des Überhandknotens.

3 Binden Sie einen Achtknoten (Seite 150) in das lose Ende.

4 Ziehen Sie den Überhandknoten fest. Die Größe der Schlaufe kann mit dem Achtknoten noch verstellt werden.

Trossenschlaufe

Bei dem Erfolg des Trossensteks ist es nicht verwunderlich, dass auch ein Schlaufenknoten auf seiner Form gründet. Die Trossenschlaufe ist ein kompakter Knoten, der mit etwas Übung sehr leicht und schnell gebunden werden kann. Der Knoten stellt eine gute Alternative zum Palstek (Seite 112) dar und ist ideal für traditionelles, nicht zu glattes Tauwerk.

Bewertung

Stärke
Sicherheit
Schwierigkeit zu binden
Schwierigkeit zu lösen
Praktischer Nutzen

1 Machen Sie ein Überhandauge und eine Bucht so wie bei einem Palstek.

2 Führen Sie das lose Ende durch das Auge und um die stehende Part herum.

3 Führen Sie das lose Ende durch die Bucht und stecken Sie es zwischen sich selbst und dem ersten Überhandauge durch.

Knoten-Know-how

Cowboys banden nicht nur den Hondaknoten (Seite gegenüber) in ihre Lassos. Wenn sie nicht gerade wilde Tiere einfingen, unterhielten sie die Leute auch mit Lassotricks wie dem Brezelknoten, zwei Augen, die sich zu einem Achtknoten formten. Versuchen Sie das mit einer Wurfleine, wenn Sie das nächste Mal in den Doldrums bekalmt sind.

4 Ziehen Sie den Knoten fest.

Artillerie- oder Geschirrschlaufe

Die Geschirrschlaufe sollte nur für einfache Anwendungen eingesetzt werden. Sie kann schnell und einfach in der Bucht gemacht werden, hält aber nur unter Last. Man vermutet, dass mit diesem Knoten Geschütze über hügeliges oder unebenes Terrain gezogen wurden, daher auch der Name Artillerieschlaufe. Verwenden Sie ihn zum Ziehen und Schleppen, aber nicht als Sicherungsknoten!

Bewertung

Stärke
Sicherheit
Schwierigkeit zu binden
Schwierigkeit zu lösen
Praktischer Nutzen

1 Machen Sie ein Auge überhand in das lose Ende.

2 Führen Sie das Ende durch das Auge, um einen Überhandknoten zu binden.

3 Formen Sie eine Bucht innerhalb des Auges und stecken Sie sie zwischen der stehenden Part und dem losen Ende durch.

4 Ziehen Sie die Bucht ganz durch, um die Schlaufe zu bilden, und ziehen Sie den Knoten fest.

Doppelte Geschirrschlaufe

Dieser Knoten ist zwar etwas sicherer als die einfache Geschirrschlaufe (Seite gegenüber), sollte aber ebenso wenig als Sicherungsknoten verwendet werden. Dafür gibt es bessere Knoten wie den Schmetterlingsknoten (Seite 126). Die doppelte Geschirrschlaufe bietet allerdings eine praktische Möglichkeit, Gegenstände an einer Leine aufzuhängen, ohne die Enden der Leine zu benötigen.

Bewertung

Stärke
Sicherheit
Schwierigkeit zu binden
Schwierigkeit zu lösen
Praktischer Nutzen

1 Machen Sie ein Auge überhand und legen Sie das Auge über das lose Ende.

2 Formen Sie eine Bucht innerhalb des Auges.

3 Stecken Sie die Bucht zwischen dem losen Ende und der Part des Auges wie gezeigt durch.

4 Ziehen Sie die Bucht ganz durch, um die Schlaufe zu bilden.

5 Ziehen Sie den Knoten fest.

Knoten-Know-how

Die Artillerieschlaufe ist nicht der einzige Spezialknoten, der an Land entstanden ist. Man sagt zwar, dass neun von zehn Knoten von der Seefahrt stammen, aber es gibt auch den Kuhstek der Bauern (Seite 49), den Hondaknoten der Cowboys (Seite 120), den Glöcknerknoten des Glöckners (Seite 189) und den Henkersknoten des Scharfrichters (Seite 138).

Asher-Schlaufe

Man schätzt etwas erst, wenn man es verloren hat – oder die Alternativen ausprobiert hat. Wie würde zum Beispiel ein sicherer und starker Allzweck-Schlaufenknoten aussehen, gäbe es nicht den Palstek (Seite 112)? Die Asher-Schlaufe wäre eine mögliche Antwort, sie ist mindestens so stark und sicher wie ihr besser bekannter Rivale und auch für besonders glattes Tauwerk gut geeignet.

Bewertung

Stärke
Sicherheit
Schwierigkeit zu binden
Schwierigkeit zu lösen
Praktischer Nutzen

1 Machen Sie einen Achtknoten ohne den letzten Durchstich in das Ende der Leine.

2 Führen Sie das lose Ende nach oben durch das untere Auge des unfertigen Achtknotens zwischen sich selbst und der stehenden Part.

3 Führen Sie das lose Ende durch die Schlaufe und stecken Sie es durch das untere Auge des ursprünglichen Achtknotens.

4 Ziehen Sie die Lose aus dem Knoten und ziehen Sie ihn dann fest.

Friedensknoten

Der Friedensknoten setzt ganz andere Prioritäten. Während die Asher-Schlaufe (Seite gegenüber) maximale Sicherheit und Stärke bieten soll, ist dieser Knoten darauf ausgelegt, besonders leicht lösbar zu sein. Mit einem Ruck an der Zugleine fällt der Knoten in sich zusammen und löst sich vollständig auf. Verwenden Sie ihn als kurzzeitige Befestigung.

Bewertung

Stärke
Sicherheit
Schwierigkeit zu binden
Schwierigkeit zu lösen
Praktischer Nutzen

1 Legen Sie eine Bucht in die stehende Part.

2 Führen Sie das lose Ende über sich selbst, um ein Auge zu bilden, führen Sie es dann über und unter der Bucht herum.

3 Führen Sie das lose Ende über und unter der stehenden Part herum.

4 Stecken Sie es dann durch das Auge.

5 Nehmen Sie das lose Ende doppelt und stecken Sie es durch die anfangs geformte Bucht.

6 Richten Sie die Zugschlaufe in die gewünschte Größe und ziehen Sie den Knoten fest. Zum Lösen genügt ein kurzer Zug am Ende!

Schmetterlingsknoten

Kletterer verwenden ihn, um eine Schlaufe in die Mitte einer Leine zu binden, wenn die Enden außer Reichweite sind. Er ist sicherer als die Geschirrschlaufe (Seite 122). Schneidet man die Schlaufe auf, so erhält man einen einfachen Verbindungsknoten (Seite 82). Verwenden Sie diesen Knoten, um sichere Befestigungspunkte für Dingis, Fender oder aufgeschossenes Tauwerk an einer Leine zu schaffen.

Bewertung

Stärke

Sicherheit

Schwierigkeit zu binden

Schwierigkeit zu lösen

Praktischer Nutzen

1 Verdrehen Sie die Leine zu zwei Augen. Das obere sollte größer als das untere sein.

2 Klappen Sie das obere Auge über das untere und formen Sie eine Bucht.

3 Stecken Sie die Bucht durch das kleinere Auge.

4 Ziehen Sie die Bucht ganz durch, um die Schlaufe zu bilden, und ziehen Sie den Knoten fest.

Knoten-Know-how

Auch der Schmetterlingsknoten hat eine interessante Vergangenheit. Im Jahre 1914 hieß er »Lineman's rider« oder Fernmeldehandwerkerschlaufe und wurde beim Spannen von Telefonleitungen eingesetzt. Ab 1928 hielt er auch im Alpinismus Einzug und wird daher manchmal »Alpiner Schmetterlingsknoten« genannt. Heute ist er ein in vielen Bereichen weit verbreiteter Knoten.

Inuit-Palstek/Eskimoschlaufe

Sie kennen schon mehr Palstek-Varianten, als Sie je brauchen werden? Der Inuit-Palstek ist aber etwas ganz Besonderes. Beim normalen Palstek hat man das Problem, dass er umkippen kann, wenn die Parten der Schlaufe auseinander gespreizt werden, dem Inuit-Palstek dagegen macht das überhaupt nichts aus. Stellen Sie sich ihn als Palstek vor, der auf der Seite gebunden wird.

Bewertung

Stärke
Sicherheit
Schwierigkeit zu binden
Schwierigkeit zu lösen
Praktischer Nutzen

1 Führen Sie die Leine um den Gegenstand herum, der abgebunden werden soll, hier ist es ein Segelsack.

2 Machen Sie ein Überhandauge in die stehende Part.

3 Führen Sie das lose Ende nach *unten* durch das Auge anstatt nach oben wie bei einem normalen Palstek.

4 Führen Sie das lose Ende um *sich selbst* herum (anstatt um die stehende Part wie bei einem normalen Palstek) und von *unten nach oben* zurück durch das Auge.

5 Ziehen Sie die Parten der Schlaufe in entgegengesetzte Richtungen, um den Knoten zu festigen.

Geflochtene Schlaufe

Die meisten Schlaufenknoten in diesem Kapitel eignen sich für ganz bestimmte praktische Anwendungen, sind aber nicht unbedingt die schönsten Knoten. Wer beispielsweise eine dekorative Schlaufe für ein Fernglas machen möchte, der könnte in diesem geflochtenen Schlaufenknoten die Lösung finden. Doch auch dieser Knoten kann für rein praktische Aufgaben, z. B. für Schlaufen am Ende einer Angelschnur, eingesetzt werden.

Bewertung

Stärke

Sicherheit

Schwierigkeit zu binden

Schwierigkeit zu lösen

Praktischer Nutzen

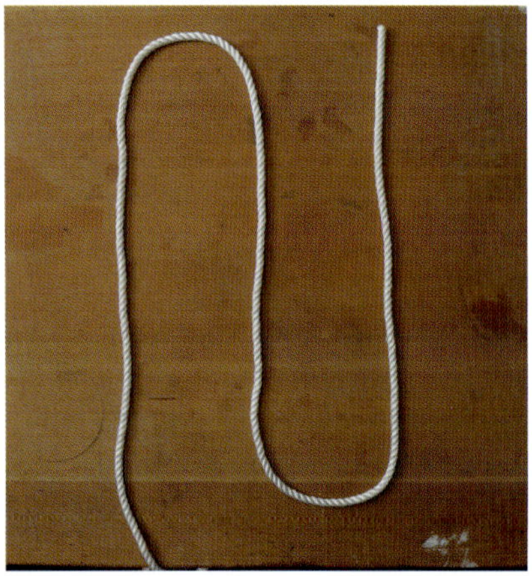

1 Formen Sie zwei Buchten in der Leine und belassen Sie das lose Ende ausreichend lang.

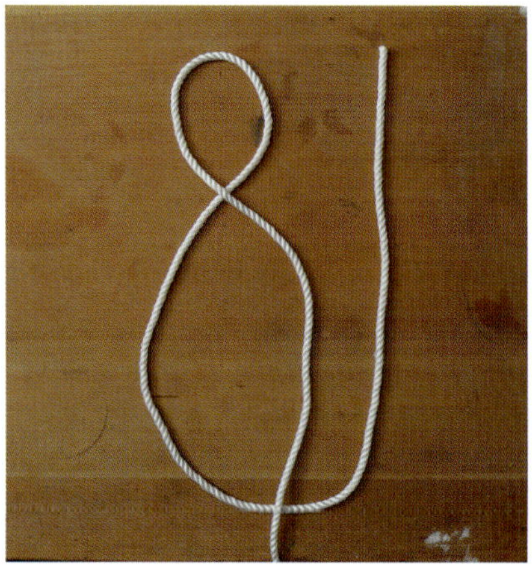

2 Legen Sie die linke Part über die mittlere Part, um zwei Augen zu bilden.

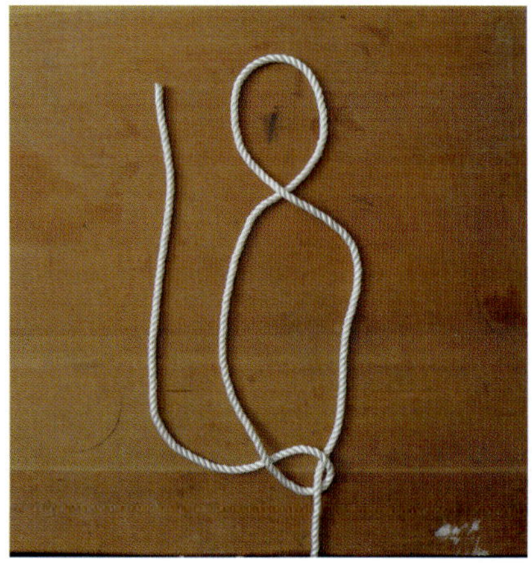

3 Führen Sie das lose Ende durch das untere Auge.

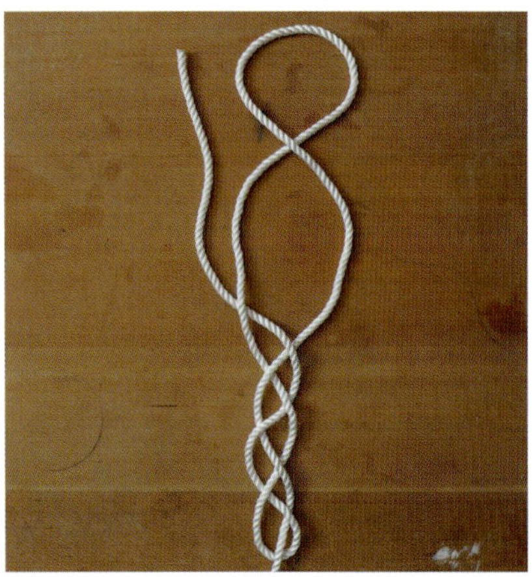

7 Führen Sie das lose Ende durch das untere Auge.

8 Führen Sie die Flechtung um mindestens vier komplette Durchstiche weiter. Legen Sie dann die linke Part über die mittlere Part, um zwei Augen zu bilden.

9 Legen Sie das lose Ende zu einer Bucht und führen Sie es durch das untere Auge.

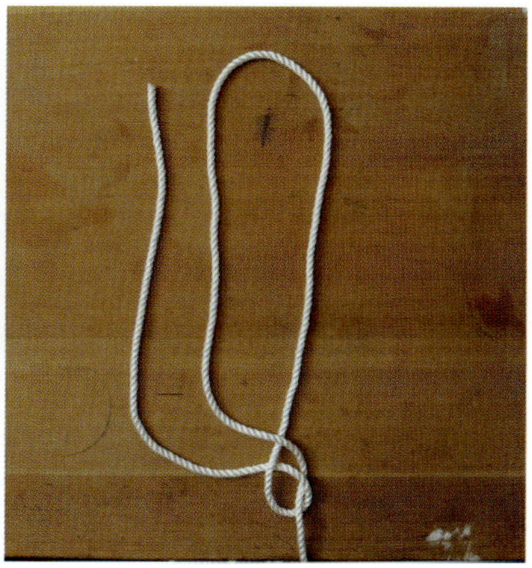

4 Legen Sie die ursprünglich linke Part zurück über die mittlere Part.

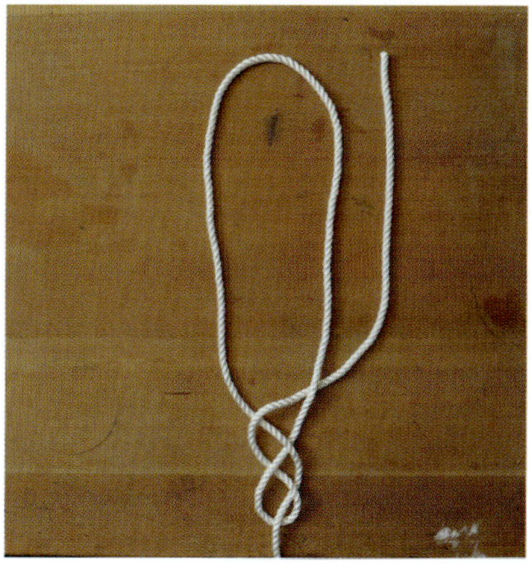

5 Führen Sie das lose Ende durch das Auge.

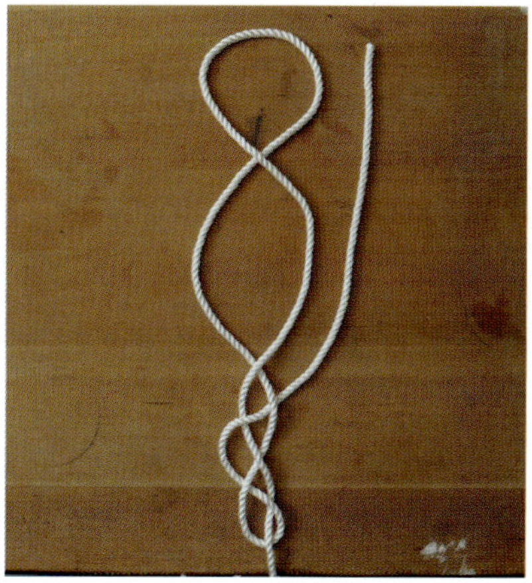

6 Legen Sie die linke Part über die mittlere Part, um zwei Augen zu bilden.

10 Ziehen Sie das untere Auge zu und führen Sie die Bucht durch das obere Auge.

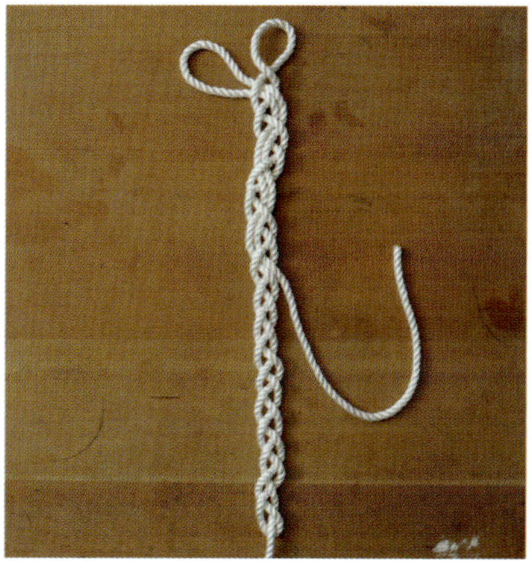

11 Führen Sie die Flechtung bis an das Ende der Leine fort.

12 Stülpen Sie zum Abschluss die Bucht über das Auge und ziehen Sie die Bucht am losen Ende zu. Überstehende Enden können abgeschnitten werden (nicht gezeigt).

Zwei verflochtene Schlaufen

Diese interessante und dazu gut aussehende Methode, zwei Leinen zu verbinden, hat der britische Knotenknüpfer und Autor Geoffrey Budworth im Jahre 1999 veröffentlicht. Der entscheidende Vorteil dabei ist die Verteilung von Last und Abrieb über eine größere Länge der Leine, sodass es nicht so leicht zu einer durchgescheuerten Stelle kommen kann.

1 Binden Sie eine feste Schlaufe, z. B. mit einem Achtknoten (Seiten 110/112), in die Leine.

2 Verdrehen Sie die Schlaufe so, dass sich drei Augen bilden. Machen Sie einen Achtknoten in ausreichendem Abstand in die andere Leine und führen Sie sie durch das unterste Auge.

3 Ziehen Sie die Leine bis an den Achtknoten durch das Auge.

4 Stecken Sie die Leine wie gezeigt durch die beiden anderen Augen.

5 Führen Sie die Leine in der anderen Richtung zurück durch die Augen.

6 Führen Sie das lose Ende zurück durch den Achtknoten.

7 Ziehen Sie die Lose aus der Flechtung und ziehen Sie dann den Achtknoten fest.

Bewertung

Stärke

Sicherheit

Schwierigkeit zu binden

Schwierigkeit zu lösen

Praktischer Nutzen

Laufender Palstek

Fällt ein Gegenstand über Bord und soll herausgefischt werden oder möchte man ganz allgemein eine Schlinge über ein Objekt werfen, weiß aber nicht mehr, wie ein richtiger Lassoknoten gebunden wird (Seite 120), dann kann der laufende Palstek genauso gut herhalten. Er ist einfach zu binden, denn einen Palstek kann schließlich jeder – nicht wahr?

Bewertung

Stärke

Sicherheit

Schwierigkeit zu binden

Schwierigkeit zu lösen

Praktischer Nutzen

1 Machen Sie eine Bucht am Ende der Leine.

2 Legen Sie ein Überhandauge in das lose Ende.

3 Führen Sie das lose Ende um die stehende Part herum …

4 … und stecken Sie es durch das Auge.

5 Führen Sie es um die nebenliegende Part der Bucht und stecken Sie es dann zurück durch das Auge. Ziehen Sie den Knoten fest. Der Palstek sollte leicht über die stehende Part laufen.

Ichabod-Knoten

Das ist ein reiner Schlingenknoten, der angeblich als Henkersknoten eingesetzt wurde. Doch verwendeten ihn auch die Bauern, um Kühe anzubinden. Der Ichabod-Knoten kann auch um einen Pfosten oder eine Spiere gemacht werden oder man führt die stehende Part durch die Schlinge für einen »laufenden Ichabod-Knoten« wie beim laufenden Palstek (Seite gegenüber).

Bewertung

Stärke
Sicherheit
Schwierigkeit zu binden
Schwierigkeit zu lösen
Praktischer Nutzen

1 Machen Sie eine Bucht am Ende der Leine und führen Sie das lose Ende über die stehende Part.

2 Legen Sie einen Törn um beide Parten der Bucht.

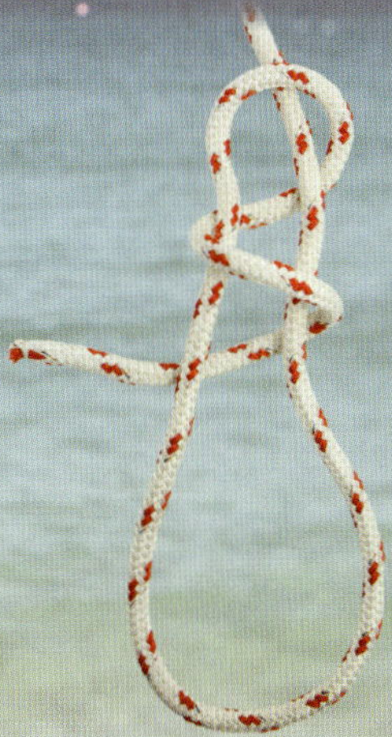

3 Legen Sie einen weiteren Törn um beide Parten der Bucht.

4 Ziehen Sie die Törns so zu, dass der erste Törn ein Auge an der Oberseite des Knotens bildet.

5 Stecken Sie das lose Ende so durch das Auge, dass es neben der stehenden Part austritt.

6 Ziehen Sie den Knoten fest. Er gleitet mit etwas Widerstand auf der stehenden Part, abhängig davon, wie er eingesetzt werden soll.

Galgenknoten

Der Galgenknoten ähnelt stark dem Ichabod-Knoten (Seite 133). Ob er allerdings wirklich bei Hinrichtungen verwendet wurde, kann auch bei diesem Knoten nicht bewiesen werden. Für unsere Zwecke bildet er eine praktische Schlinge. Abhängig vom Tauwerk kann er sich für manche Anwendungen besser eignen als der Ichabod-Knoten – am besten, man probiert beide aus.

Bewertung

Stärke

Sicherheit

Schwierigkeit zu binden

Schwierigkeit zu lösen

Praktischer Nutzen

1 Legen Sie ein Überhandauge am Ende der Leine.

2 Führen Sie das lose Ende unter der stehenden Part herum.

3 Legen Sie einen Törn um die Bucht herum.

4 Ziehen Sie die Törns so zu, dass der erste Törn ein Auge an der Oberseite des Knotens bildet.

5 Machen Sie einen Törn um die nebenliegende Part der Bucht und führen Sie dabei das lose Ende durch die Bucht.

6 Stecken Sie das lose Ende durch das Auge an der Oberseite des Knotens. Ziehen Sie dann das Auge an der anderen Part der Bucht zu und ziehen Sie den Knoten fest.

Asher-Verstellschlaufe

Diesen neuartigen Knoten zeigte der überaus kreative Harry Asher erstmals im Jahre 1993. Die Schlaufe kann an der stehenden Part verschoben und somit in der Größe leicht verstellt werden, unter Last bekneift sich dann der Knoten. Mit der Zugleine kann die Asher-Verstellschlaufe noch dazu leicht gelöst werden. Verwenden Sie diesen Knoten auch mit glatten Leinen.

Bewertung

Stärke	
Sicherheit	
Schwierigkeit zu binden	
Schwierigkeit zu lösen	
Praktischer Nutzen	

1 Legen Sie ein Überhandauge in das Ende der Leine.

2 Machen Sie ein zweites Auge überhand, indem Sie das lose Ende zurückführen und dann um das erste Überhandauge herumlegen.

3 Stecken Sie das lose Ende innerhalb des zweiten Auges unter der stehenden Part durch und ziehen Sie den Knoten fest.

4 Um eine Zugschlaufe zu bilden, nehmen Sie das lose Ende vor dem letzten Durchstich doppelt und stecken es als Bucht unter der stehenden Part durch. Richten Sie die Zugschlaufe in die gewünschte Größe und ziehen Sie den Knoten fest.

Slip- & Nip-Schlaufe

Der Aufbau dieses Knotens folgt einer Logik, wie sie Knotenknüpfer fasziniert. Dabei arbeiten die beiden Törns wie zwei Klemmen, die den Knoten zunehmend fester bekneifen lassen, je mehr Last an der Schlaufe anliegt. Das Lösen erinnert an den Palstek (Seite 112), so wie die beiden Törns auseinander gezogen werden. Doch neben aller Theorie bildet der Knoten eine sehr nützliche Allzweck-Schlinge.

Bewertung

Stärke
Sicherheit
Schwierigkeit zu binden
Schwierigkeit zu lösen
Praktischer Nutzen

1 Machen Sie ein Unterhandauge in das Ende der Leine.

2 Führen Sie das lose Ende in gleicher Richtung weiter und mit einem Törn um das Auge herum.

3 Legen Sie noch einen Törn um das Auge herum, führen Sie das lose Ende dabei aber an der Rückseite des Knotens über die stehende Part.

4 Das lose Ende sollte zwischen den beiden Törns und neben der stehenden Part austreten.

5 Ziehen Sie den Knoten fest. Diese Abbildung zeigt den Knoten von der anderen Seite: Das lose Ende ist deutlich zwischen den beiden Törns, die wie Klemmen arbeiten, eingeschlossen.

Verstellbare Schlaufe

Oberflächlich betrachtet ähnelt dieser Knoten dem Ichabod-Knoten und dem Galgenknoten (Seiten 133–134), doch wird hier die Mehrzahl der Törns nur um die stehende Part allein gemacht. Das funktioniert am besten mit dünnem Tauwerk und Bändselleinen. Dickere Leinen lassen sich schlecht in so enge Törns legen, sodass die verstellbare Schlaufe für sie weniger geeignet ist.

Bewertung

Stärke
Sicherheit
Schwierigkeit zu binden
Schwierigkeit zu lösen
Praktischer Nutzen

1 Legen Sie eine Bucht in das Ende der Leine und führen Sie das lose Ende um die stehende Part herum wie bei einem Überhandknoten (Seite 148).

2 Machen Sie in der gleichen Richtung noch einen Törn um die stehende Part.

3 Führen Sie das lose Ende um beide Parten der Bucht herum.

4 Stecken Sie zum Abschluss das lose Ende unter sich selbst durch.

5 Ziehen Sie den Knoten fest. Eine Zugschlaufe kann beim letzten Durchstich eingesetzt werden, um das Lösen zu erleichtern.

Henkersknoten

Das ist der weltweit wohl berühmteste Knoten, der sofort erkannt und mit seiner todbringenden Aufgabe in Verbindung gebracht wird. In Filmen, Büchern und Liedern kann man auf ihn stoßen, oft mit abergläubischen Ansichten, wie er gebunden werden muss. Doch kann man diesen Knoten auch für ganz andere Aufgaben einsetzen und selbst entscheiden, wie viele Törns man legt.

Bewertung

Stärke
Sicherheit
Schwierigkeit zu binden
Schwierigkeit zu lösen
Praktischer Nutzen

»Hast du je gesehen, wie der Henker seinen Knoten bindet? Ich hab es oft gesehen, einen Törn nach dem andern legt er fest herum. Dreizehn Mal, dann hat er seinen Henkersknoten.« (Woody Guthrie, *Hangknot, Slipknot*)

An einem Galgen können unterschiedliche Knoten eingesetzt werden, wie der Ichabod-Knoten und der Galgenknoten (Seiten 133–134), der Gerüstknoten (Seite 140) oder sogar Schlingen wie der Hondaknoten (Seite 120) und der laufende Palstek (Seite 132), aber der Henkersknoten ist mit Abstand der bekannteste.

Wie der Song von Woody Guthrie andeutet, wird der Anzahl der Törns eine große Bedeutung zugemessen. Danach sind es entweder 13 Törns, um das Unglück des Gehängten noch zu unterstreichen, oder neun Törns, weil »sogar wenn ein Mann so viele Leben wie eine Katze hat, für jedes von ihnen ein ganzer Törn da sein sollte« (*Das Ashley-Buch der Knoten*). Jedenfalls ist der Henkersknoten für seine Aufgabe bewährt, weil er schwer zu lösen ist und leichter den beabsichtigten Genickbruch hervorruft, anstatt zu strangulieren.

Abgesehen von diesen grausigen Aufgaben kann der Knoten eine sichere Schlinge für die glattesten Angelschnüre bilden und wird von Anglern auch als »Uni-Knoten« bezeichnet. An Bord kann er eine Kausch am Ende einer Leine umschließen und so vorübergehend einen Spleiß ersetzen.

Die Anzahl der Törns hängt in der Praxis davon ab, wie glatt die Leine ist und wie leicht sich die Schlinge zuziehen soll. Je mehr Törns man legt, umso mehr Reibung entsteht und umso schwerer zieht sich der Knoten zu. In der Regel sollten sechs bis acht Törns ausreichen.

Zum Abschluss noch eine Strophe von Woody Guthrie: »Ich weiß nicht, wer den Henkersknoten ins Gesetz schreibt / Aber die Knochen vieler Männer pfeifen im Wind / Nur weil die Gesetze mit dem Henkersknoten verbunden sind.«

1 Legen Sie das Ende der Leine in zwei Buchten.

2 Führen Sie das lose Ende über beide Buchten.

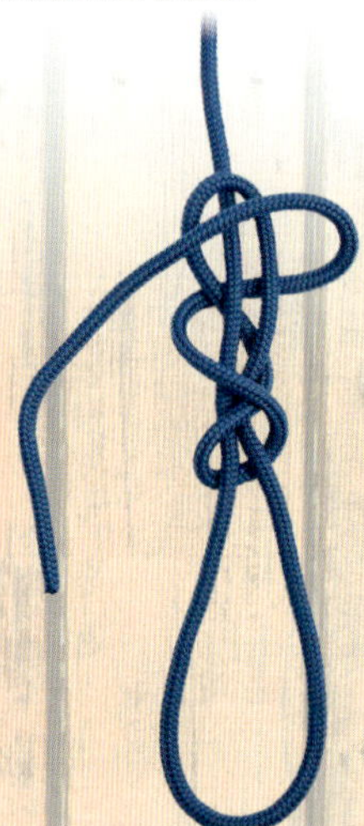

3 Halten Sie die Buchten fest und wickeln Sie das lose Ende von unten nach oben um beide Buchten.

4 Legen Sie die gewünschte Anzahl Törns (6–8 für eine Schlinge, 9–13 für den traditionellen Henkersknoten) und stecken Sie das lose Ende durch die oberste Bucht.

5 Arbeiten Sie die Lose nach oben aus den Törns und ziehen Sie den Knoten fest.

Knoten-Know-how

Bei Hinrichtungen am Galgen wurde nicht immer eine geknotete Leine verwendet. Bis 1960 wurde in Großbritannien als Standardausrüstung für Henker eine Schlinge mit einem Kauschspleiß (Seite 264) ausgegeben. Die Schlinge wurde traditionell hinter dem linken Ohr des zum Tode Verurteilten platziert. Des Weiteren enthielt diese Ausrüstung für Henker eine Kapuze, verschiedene Gurte und Riemen und eine Flasche Whisky, um den Gefangenen zu beruhigen.

Spierenstich oder Gerüstknoten

Henker hatten früher so viel zu tun, dass sie keine Zeit hatten immer einen ordentlichen Henkersknoten zu machen. Deshalb erfanden sie diesen einfach und schnell zu bindenden Schlingenknoten mit weniger Törns, nämlich nur drei – für »Viel Glück«? Nein, Spaß beiseite, dieser Knoten ergibt eine gute und sichere Schlinge, die man als Befestigung an einer Stange einsetzen kann – ohne makabren Beigeschmack.

Bewertung

- Stärke
- Sicherheit
- Schwierigkeit zu binden
- Schwierigkeit zu lösen
- Praktischer Nutzen

1 Machen Sie ein Überhandauge in das Ende der Leine.

2 Legen Sie mit dem losen Ende einen Törn um das Auge.

3 Legen Sie noch einen (oder, falls nötig, mehrere) Törn(s) um das Auge.

4 Stecken Sie das lose Ende so durch die Törns, dass es neben der stehenden Part austritt.

5 Ziehen Sie den Knoten fest und vergewissern Sie sich, dass die Törns parallel nebeneinander liegen.

Spanischer Palstek

Der so vielseitige Palstek (Seite 112) ist in diesem klassischen Seemannsknoten wunderbar weiterentwickelt. Der Spanische Palstek diente ursprünglich als Bootsmannsstuhl, doch kann man heute aus Gründen der Gesundheit sowie der Sicherheit von solch einer Verwendung nur abraten. Nutzen Sie ihn lieber als doppelten Anschlagpunkt oder zur besseren Lastverteilung beim Heben schwerer Gegenstände.

Bewertung

Stärke

Sicherheit

Schwierigkeit zu binden

Schwierigkeit zu lösen

Praktischer Nutzen

1 Legen Sie eine große Bucht in die Mitte der Leine und klappen Sie die Bucht so hinter die beiden stehenden Parten, dass zwei Augen entstehen.

2 Verdrehen Sie den oberen Teil der beiden Augen nach innen, sodass sich zwei kleinere Augen bilden. Achten Sie darauf, dass die Bucht groß genug bleibt.

3 Schieben Sie das linke Auge durch das rechte, bis es über die rechte stehende Part kreuzt.

4 Ziehen Sie die große Bucht nach oben durch das linke, kleine Auge.

5 Ziehen Sie die große Bucht genauso auf der anderen Seite nach oben durch das rechte, kleine Auge, sodass sich nunmehr zwei Schlaufen an der Oberseite gebildet haben.

6 Vergewissern Sie sich, dass der Knoten symmetrisch ist. Richten Sie dann die beiden Schlaufen in die gewünschte Größe und ziehen Sie den Knoten fest.

Dreifacher Palstek

Wenn es vorteilhaft ist, große Lasten auf zwei Schlaufen zu verteilen, dann kann es mit drei Schlaufen nur noch besser sein. Das ist die Logik hinter diesem cleveren dreifachen Schlaufenknoten. Noch dazu muss man gar keinen neuen Knoten lernen. Der aufmerksame Leser hat es längst bemerkt, man nimmt die Leine mit einer Bucht einfach doppelt und bindet einen Palstek (Seite 112), aber lesen Sie weiter ...

Bewertung

Stärke
Sicherheit
Schwierigkeit zu binden
Schwierigkeit zu lösen
Praktischer Nutzen

1 Nehmen Sie die Leine auf ausreichender Länge für die drei Schlaufen mit einer Bucht doppelt.

2 Machen Sie ein Überhandauge in die gedoppelte Leine.

3 Führen Sie das Ende durch das Auge. (Die Schlange kommt aus dem See.)

4 Führen Sie das Ende um die doppelte stehende Part herum. (Die Schlange geht um den Baum.)

5 Stecken Sie das Ende zurück durch das Auge. (Die Schlange springt zurück in den See.)

6 Ziehen Sie das Ende durch, um die dritte Schlafe zu bilden. Richten Sie die Schlaufen in die gewünschte Größe und ziehen Sie den Knoten fest.

Doppelte Anglerschlaufe

Dieser Knoten sieht etwas nach einem missglückten Seilbund aus, ist in Wahrheit aber ein sehr nützlicher Doppelschlaufenknoten. Genau wie die einfache Anglerschlaufe (Seite 119) bekneift er sich sehr stark und ist daher besser für dünneres Tauwerk, Gummileinen und Angelschnüre geeignet als für die Festmacher, Schoten und Fallen.

Bewertung

Stärke

Sicherheit

Schwierigkeit zu binden

Schwierigkeit zu lösen

Praktischer Nutzen

1 Machen Sie einen Überhandknoten (Seite 148) und legen Sie das Ende der Leine zu einer Bucht.

2 Führen Sie das lose Ende durch das Auge des Überhandknotens, dann über die stehende Part und von unten nach oben erneut durch das Auge.

3 Führen Sie das lose Ende noch einmal durch das Auge und um die stehende Part herum, um die zweite Schlaufe zu bilden.

4 Stecken Sie das lose Ende so hinter beiden Parten des anfangs gemachten Überhandknotens durch, dass es auf der anderen Seite austritt.

5 Ziehen Sie den Knoten an der stehenden Part fest und richten Sie die Schlaufen in der gewünschten Größe aus.

Tom-Fool-Knoten/Feuerwehrstuhl

Mit diesem Knoten fesselte man zwar auch die Hände von Gefangenen, ursprünglich war es aber eine Fußfessel für Tiere, die man allein grasen ließ. Feuerwehrleute verwendeten den Tom-Fool-Knoten dagegen als Rettungsstuhl, denn er soll dafür genauso gut geeignet sein wie der bekanntere Handschellenknoten (Seite gegenüber). Verwenden Sie ihn an Bord, um zwei Riemen zusammenzuhalten oder festzulaschen.

Bewertung

Stärke

Sicherheit

Schwierigkeit zu binden

Schwierigkeit zu lösen

Praktischer Nutzen

1 Machen Sie von links nach rechts zwei Augen unterhand.

2 Schieben Sie das linke Auge über das rechte.

3 Ziehen Sie die rechte Seite des linken Auges nach unten durch das rechte Auge und die linke Seite des rechten Auges nach oben durch das linke Auge.

4 Ziehen Sie die Schlaufen an den unteren Parten in die gewünschte Größe und ziehen Sie den Knoten an den oberen Parten der Schlaufen fest.

Knoten-Know-how

Neben seinen vielen praktischen Anwendungen ist der Tom-Fool-Knoten auch ein beliebter Trickknoten bei Seglern ebenso wie bei Landratten. Der Zauberer hält die Leine in beiden Händen und zieht die zwei Schlaufen wie aus dem Nichts hervor, während er das Publikum auffordert, es ihm nachzumachen. Trotz des augenscheinlich simplen Aufbaus ist der Knoten auf Anhieb überraschend schwer zu verstehen, geschweige denn nachzumachen.

Handschellenknoten

Wer ein kleines Segeldingi an Deck einer Yacht mitführt, hat immer das Problem, Mast und Spieren irgendwo zu stauen. Eine Möglichkeit ist, sie an die Reling zu binden, oder man bindet sie unter Deck an einen Balkweger oder anderen Befestigungspunkt. Auf jeden Fall ist der Handschellenknoten äußerst praktisch, um sie zu tragen und festzulaschen. Die zusätzlichen Halben Schläge sichern den Knoten.

Bewertung

Stärke
Sicherheit
Schwierigkeit zu binden
Schwierigkeit zu lösen
Praktischer Nutzen

1 Machen Sie ein Unterhandauge.

2 Machen Sie noch ein Auge unterhand.

3 Schieben Sie das rechte Auge über das linke (genau umgekehrt wie beim Tom-Fool-Knoten).

4 Ziehen Sie die rechte Seite des linken Auges nach oben durch das rechte Auge und die linke Seite des rechten Auges nach unten durch das linke Auge. Richten Sie die Schlaufen in die gewünschte Größe.

5 Ziehen Sie den Knoten fest und machen Sie mit den stehenden Parten je einen Halben Schlag um die nebenliegende Schlaufe.

Verdickungs- und Verzurrungsknoten

5

Überhandknoten

Der Überhandknoten ist so einfach, dass die meisten ihn ohne Probleme blind binden können, und verdient es kaum, in einem Knotenbuch gezeigt zu werden, zumal die meisten Segler ihn an Bord sowieso nicht schätzen. Doch seine Grundstruktur findet sich in vielen der komplizierteren Knoten, die wir auf See immer wieder verwenden.

Bewertung

Stärke

Sicherheit

Schwierigkeit zu binden

Schwierigkeit zu lösen

Praktischer Nutzen

Es gibt die Ansicht, dass ein Knotenbuch mit dem Überhandknoten beginnen sollte – nicht nur weil er der einfachste Knoten ist, sondern auch, weil er die Basis für so viele weitere Knoten bildet. Da Knoten aber zu Familien wie Steke, Schlaufenknoten und Verdickungsknoten etc. zusammengefasst werden, würde das bedeuten, dass man auch ungewöhnliche Knoten wie die Affenfaust (Seite 160) und die Prusik-Kannenschlinge (Seite 168) ganz an den Anfang stellen musste. Das also ist der Grund, warum wir den Überhandknoten erst hier antreffen.

Unbestritten ist der Überhandknoten die Grundlage für viele ausgefallene und wichtige Knoten. Fügt man noch einen Törn hinzu, erhält man den allgegenwärtigen Achtknoten (Seite 150). Bindet man ihn um einen Gegenstand, wird er zum Halben Schlag, führt man das Ende einmal mehr herum, hat man einen Rundtörn mit zwei Halben Schlägen (Seite 28). Auch im Aufbau so unterschiedlicher Knoten wie dem Würgeknoten (Seite 42), dem Zeppelinstek (Seite 86), dem Fischerknoten (Seite 100), der Anglerschlaufe (Seite 119) und der Langen Trompete (Seite 162) ist er enthalten.

Obwohl er Bestandteil vieler Seemannsknoten ist, wird er an Bord eines Schiffes als einzelner Knoten jedoch kaum verwendet. Das liegt nicht daran, dass er zu unsicher ist, sondern ganz im Gegenteil – er ist zu sicher! Ein Überhandknoten zieht sich unter Last so fest zu, dass er ohne die Leine zu beschädigen kaum wieder gelöst werden kann. Deshalb wurde der Achtknoten erfunden. Er bietet als Stopperknoten zwar nur geringfügig mehr Verdickung, ist aber wesentlich leichter zu lösen und sieht auch noch besser aus.

Doch es gibt auch ein paar Möglichkeiten, den Überhandknoten an Bord als einzelnen Knoten einzusetzen. Reffbändsel können beiderseits der Öse im Segel mit ihm gestoppt werden, da man diese Knoten nicht lösen muss und der Achtknoten auch keine größere Verdickung erzeugt. Auch kann er als Anschlag für die Sprossen einer Strickleiter dienen oder unterhalb der Rahen in die Fußpferde gebunden werden, um den Füßen mehr Halt zu geben. Wer hat hier also behauptet, er habe an Bord nichts verloren?

1 Machen Sie ein Auge überhand.

2 Stecken Sie das lose Ende durch das Auge.

3 Ziehen Sie den Knoten fest. Gut gemacht, genau dieser Knoten half schon tausende Segel zu reffen!

Doppelter Überhandknoten

Minimal komplizierter als der Überhandknoten (Seite gegenüber) ist der doppelte Überhandknoten. Trotz seiner Ähnlichkeit ergibt er eine bereits viel interessanter aussehende Verdickung. Vielleicht wurde er ja deshalb an der Neunschwänzigen Katze oder anderen Peitschen in die Enden gebunden, was ihm den Beinamen »Blutknoten« einbrachte – oh Graus ...

Bewertung

Stärke
Sicherheit
Schwierigkeit zu binden
Schwierigkeit zu lösen
Praktischer Nutzen

1 Machen Sie einen einfachen Überhandknoten.

2 Stecken Sie das lose Ende ein zweites Mal und in gleicher Richtung durch das Auge.

3 Ziehen Sie den Knoten zu einem sauberen, quadratischem »X« fest.

Überhandknoten auf Slip

Die logische Antwort bei schwer lösbaren Knoten ist, sie mit einer Zugschlaufe auf Slip zu legen. Wider Erwarten schwächt die Zugschlaufe den Knoten nicht – im Gegenteil, alles deutet darauf hin, dass sie ihn sogar verstärkt.

Bewertung

Stärke
Sicherheit
Schwierigkeit zu binden
Schwierigkeit zu lösen
Praktischer Nutzen

1 Machen Sie wie üblich ein Auge (siehe Seite gegenüber) und legen Sie eine Bucht in das lose Ende.

2 Stecken Sie die Bucht durch das Auge, richten Sie die Zugschlaufe in die gewünschte Größe und ziehen Sie den Knoten fest.

Achtknoten

Das ist der gebräuchlichste Stoppknoten an Bord um zu verhindern, dass eine Leine durch eine Öffnung, z. B. eine Schot durch einen Block oder durch eine Hebelklemme, ausrauschen kann. Der Achtknoten bietet zwar keine größere Verdickung als der Überhandknoten (Seite 148), ist aber viel leichter zu lösen und dabei ebenso stark. Auch bildet er die Grundlage für zahlreiche andere und kompliziertere Knoten.

Bewertung

Stärke
Sicherheit
Schwierigkeit zu binden
Schwierigkeit zu lösen
Praktischer Nutzen

1 Machen Sie ein Auge unterhand in das Ende der Leine und führen Sie das lose Ende um die stehende Part.

2 Stecken Sie das lose Ende von unten nach oben durch das Auge.

3 Ziehen Sie das lose Ende und die stehende Part in entgegengesetzte Richtungen, um den Knoten zu festigen.

Achtknoten auf Slip

Der Achtknoten ist zwar von sich aus bereits relativ leicht zu lösen, noch wesentlich schneller geht es aber, wenn er mit einer Zugschlaufe auf Slip gelegt wird. Praktisch, wenn man es eilig hat.

1 Machen Sie ein Auge unterhand, führen Sie das lose Ende um die stehende Part und legen Sie eine Bucht in das Ende der Leine.

2 Stecken Sie die Bucht durch das Auge, richten Sie die Zugschlaufe in die gewünschte Größe und ziehen Sie den Knoten fest.

Bewertung

Stärke
Sicherheit
Schwierigkeit zu binden
Schwierigkeit zu lösen
Praktischer Nutzen

Schauermannsknoten

Die Schauerleute löschten die Fracht der Schiffe im Hafen. Sie bevorzugten diesen Knoten gegenüber dem Überhandknoten (Seite 148) oder dem Achtknoten (Seite 150), obwohl er auch kaum mehr Verdickung erzeugt. Schnell fand der Schauermannsknoten seinen Weg von der Hafenkante auf die Schiffe und hielt Einzug unter den Seemännern.

Bewertung

Stärke

Sicherheit

Schwierigkeit zu binden

Schwierigkeit zu lösen

Praktischer Nutzen

1 Legen Sie eine Bucht in das Ende der Leine und machen Sie einen Törn mit dem losen Ende um die stehende Part.

2 Machen Sie noch einen halben Törn um die stehende Part.

3 Stecken Sie das lose Ende durch das Auge.

Knoten-Know-how

Ein Achtknoten (Seite gegenüber) schmückte auch das Wappen der großen italienischen Dynastie, dem Haus Savoyen. Dort stand geschrieben »stringe ma non costringe«, was so viel bedeutet wie »hält zusammen, schnürt aber nicht ab«. Oldtimerliebhaber kennen den Achtknoten als Symbol auch vom Alfa-Romeo-Zeichen, das von 1925 bis 1946 zwei Achtknoten, auch »Savoyknoten« genannt, enthielt. Der ebenfalls in Mailand ansässige Modekonzern Prada zeigt vier Achtknoten in seinem Wappen.

4 Ziehen Sie das lose Ende und die stehende Part in entgegengesetzte Richtungen, um den Knoten zu festigen.

Ashley-Stopperknoten

Es ist eine Tradition, Knoten nicht nach Personen zu benennen. Das geschieht zweifellos, weil die meisten Knoten bereits schon sehr lange existiert haben, bevor sie jemand »entdeckt« und als eigene Erfindung vorgestellt hat. Eine Ausnahme ist der Matthew-Walker-Knoten (Seite 210), der nach einer unbekannten historischen Figur benannt ist, eine andere Ausnahme ist der Ashley-Stopperknoten, benannt nach dem Mann, der mehr als irgendein anderer für die Kunst des Knotens getan hat.

Bewertung

Stärke

Sicherheit

Schwierigkeit zu binden

Schwierigkeit zu lösen

Praktischer Nutzen

Zu diesem Knoten gibt es eine schöne Geschichte. Im Frühling, so ungefähr im Jahre 1910, erhaschte Clifford Ashley einen Blick auf einen ungewöhnlichen Knoten auf einem vorbeifahrenden Austernfischerboot. Er versuchte den Knoten nachzumachen, und heraus kam der hier gezeigte Ashley-Stopper. Einige Tage später traf er das Boot wieder und sah, dass der Knoten ein ganz gewöhnlicher Achtknoten (Seite 150) in einer alten Leine war. Diese Neugier und die darauffolgende Erfindung eines eigenen Knotens, den er »Austernfischerknoten« nannte, starteten Ashleys Obsession für Knoten.

Die nächsten 30 Jahre widmete er seine Freizeit der Erforschung von Knoten aus den verschiedensten Bereichen. Das gipfelte in der Veröffentlichung seines fast übermenschlichen Werkes, dem *Ashley-Buch der Knoten* im Jahre 1944. Diesem Buch ist es in erster Linie zu verdanken, dass das Interesse an der Kunst des Knotenknüpfens wiederbelebt wurde und zu der heutigen Begeisterung für Knoten geführt hat – alles nur wegen des Anblickes eines seltsamen Knotens auf einem Fischerboot vor über 100 Jahren.

Dieser Stopperknoten besteht im Prinzip aus einer Überhandschlinge mit dem losen Ende an die stehende Part geknotet. Er bildet eine größere Verdickung als der Überhandknoten oder der Achtknoten.

1 Machen Sie ein Unterhandauge in das Ende der Leine und legen Sie es wie gezeigt über die stehende Part.

2 Ziehen Sie eine Bucht aus der stehenden Part durch das Auge, um eine Schlinge zu bilden.

3 Führen Sie das lose Ende über die stehende Part und stecken Sie es von hinten nach vorn durch das Auge. Ziehen Sie die Schlinge an der stehenden Part zu. Ziehen Sie dann den Knoten fest.

Quatrefoil oder der Vierfache

Eigentlich bedeutet der Name der »Vierblättrige«, denn dieser Knoten besteht aus vier Randparten und geht somit einen Schritt weiter als der dreiblättrige Ashley-Stopperknoten (Seite 152). Er ergibt eine größere Verdickung, die nicht nur eine Leine am Ausrauschen durch eine Öffnung hindern kann, sondern auch einen sehr guten Griff für die Hände bietet.

Bewertung

Stärke

Sicherheit

Schwierigkeit zu binden

Schwierigkeit zu lösen

Praktischer Nutzen

1 Machen Sie ein Überhandauge in die stehende Part und formen Sie das lose Ende zu einer Bucht außen herum. Führen Sie das lose Ende durch das Auge und unter der Bucht durch.

2 Führen Sie das lose Ende über die Bucht, dann unter sich selbst durch und dann durch das anfangs gemachte Auge wie gezeigt.

3 Führen Sie das lose Ende noch einmal über die Bucht.

4 Ziehen Sie die Lose in Richtung zur stehenden Part aus dem Knoten, sodass das Ende nur kurz übersteht.

5 Ziehen Sie den Knoten fest und schneiden Sie das Ende kurz ab, falls gewünscht.

Cinquefoil oder der Fünffache

Sind es beim Quatrefoil (Seite gegenüber) vier Randparten, so hat der Cinquefoil fünf. Dadurch ist er zwar größer, aber nicht unbedingt besser, da er umkippen und seine Form verlieren kann. Verwenden Sie ihn eher für dekorative Zwecke als für rein praktische Aufgaben.

Bewertung

Stärke

Sicherheit

Schwierigkeit zu binden

Schwierigkeit zu lösen

Praktischer Nutzen

1 Machen Sie erst ein Überhandauge und dann ein Unterhandauge am Ende der Leine.

2 Schieben Sie die Augen so übereinander, dass das erste innerhalb des zweiten liegt.

3 Führen Sie das lose Ende unter den beiden rechten Parten durch. Führen Sie es dann nach oben und unter den beiden linken Parten durch.

4 Stecken Sie das lose Ende durch das erste Auge, sodass es in der Mitte des Knotens austritt.

5 Ziehen Sie den Knoten fest und ziehen Sie dabei die Lose in Richtung zur stehenden Part aus dem Knoten. Schneiden Sie das Ende passend ab.

Kreuzknoten oder Reffknoten

Der Kreuz- oder Reffknoten ist wahrscheinlich genauso alt, wenn nicht älter als das Segeln selbst. Es gibt keinen besseren Knoten, um ein Segel zu reffen oder etwas abzubinden. Verwenden Sie ihn aber nie, um zwei Leinen zu verbinden, denn das könnte geradezu gefährlich werden. Aus gutem Grund steht der Kreuzknoten hier und nicht im Kapitel der Verbindungsknoten.

Die alten Griechen und Römer nannten ihn »Herkulesknoten«, in Ägypten wurde er in Skulpturen gemeißelt und wir finden ihn bei Schmuckgegenständen aus grauester Vorzeit. Als Liebesknoten, oft an einem Ring, verkörpert er die Einheit zweier Menschen, als Kreuzknoten schnürt er alles ab, von einem Paket bis hin zu einer Wunde, und als Reffknoten bändigt er seit Jahrhunderten unsere Segel.

Dieser Knoten ist einer der ältesten und symbolträchtigsten überhaupt. Dabei ist er von Natur aus instabil und muss gegen ein Objekt gepresst werden, um zu halten. Gerade deshalb ist er so hervorragend geeignet, einen Gegenstand zu verschnüren, und so schlecht, um zwei Leinen in freier Länge zu verbinden.

Ashley geht sogar so weit zu sagen: »Als Verbindungsknoten hat der Kreuzknoten wahrscheinlich mehr Tote und Verletzte auf dem Gewissen als alle anderen Knoten zusammen« – starke Worte.

Ein weiterer Grund, warum der Kreuzknoten so wenig Vertrauen unter Knotenknüpfern genießt, ist, dass er anderen, noch unzuverlässigeren Knoten stark ähnelt. Bindet man nicht »rechts über links und links über rechts«, wie es beim Kreuzknoten richtig ist, sondern zweimal hintereinander rechts über rechts oder links über links, so erhält man einen kläglichen Altweiberknoten. Bindet man ihn so, dass die Enden diagonal gegenüber liegen, ist das Ergebnis auch nicht wünschenswert, es ist der Diebesknoten.

Mit diesem Knoten verschnürten Seemänner angeblich ihr Hab und Gut, um erkennen zu können, wenn sich ein anderer an ihren Sachen zu schaffen gemacht hatte. Der band den Seesack nämlich instinktiv mit einem richtigen Kreuzknoten wieder zu.

Äußerlich sehen Kreuzknoten und Diebesknoten fast gleich aus, zieht man aber an den Enden des Diebesknotens, gibt dieser nach, während der Kreuzknoten sich bei Zug an den Enden nur fester zusammenzieht. Binden Sie lieber immer einen richtigen Kreuzknoten.

1 Der Kreuzknoten wird am besten verwendet, um einen Gegenstand zu verschnüren, und sollte mit Leinen gleichen Durchmessers gemacht werden.

2 Rechts über links und unten durch ... Überkreuzen Sie die Leinen wie gezeigt.

3 Links über rechts und unten durch ... Überkreuzen Sie die Enden genau andersherum als beim ersten Mal.

4 Halten Sie die jeweils nebeneinander liegenden Parten und ziehen Sie sie in entgegengesetzte Richtungen, um den Knoten zu festigen. Vergewissern Sie sich, dass die Enden an derselben Seite des Knotens austreten.

Bewertung

Stärke

Sicherheit

Schwierigkeit zu binden

Schwierigkeit zu lösen

Praktischer Nutzen

Wurfleinenknoten

Der klassische Knoten, um das Ende einer Wurfleine so zu beschweren, sodass sie besser vom Schiff zum Kai geworfen werden kann, ist die Affenfaust (Seite 160). Braucht man schnell einen Knoten, dann kann dieser Wurfleinenknoten, der eng mit dem Henkersknoten verwandt ist, ein guter Ersatz sein. Man kann zusätzlich noch etwas Blei um die Buchten wickeln, um dem Knoten mehr Gewicht zu verleihen.

Bewertung

Stärke	
Sicherheit	
Schwierigkeit zu binden	
Schwierigkeit zu lösen	
Praktischer Nutzen	

1 Legen Sie zwei Buchten mit der stehenden Part. Führen Sie das lose Ende durch die erste Bucht und über die stehende Part.

2 Führen Sie das lose Ende unter der ersten Bucht durch und über die rechts liegende Part.

3 Legen Sie mit dem losen Ende einen Törn um beide Buchten wie gezeigt.

4 Wickeln Sie das lose Ende von oben nach unten beliebig oft herum und stecken Sie das lose Ende zum Abschluss durch die Bucht an der Unterseite des Knotens.

5 Ziehen Sie Törns fest, ziehen Sie dann die untere Bucht zu. Ziehen Sie an der stehenden Part, um die obere Bucht zu schließen.

Martha’s Vinyard-Wurfleinenknoten

Mit dieser Methode kann aus einer alten Leine ein ansehnlicher Wurfleinenknoten gemacht werden, der erst bei Bedarf an die Wurfleine gebunden wird. Verwenden Sie ein weiches Tau, um sich weniger Sorgen machen zu müssen, sollten Sie jemanden am Kopf treffen!

Bewertung

Stärke
Sicherheit
Schwierigkeit zu binden
Schwierigkeit zu lösen
Praktischer Nutzen

1 Machen Sie drei Augen am Ende der Leine.

2 Führen Sie das lose Ende durch die Augen und dann unter sich selbst durch.

3 Legen Sie einige Törns um die anfangs gemachten drei Augen.

4 Es können beliebig viele Törns von oben nach unten gelegt werden, bevor man zum Abschluss das lose Ende durch die drei Augen steckt und den Knoten festzieht.

5 Die Wurfleine kann durch die unteren drei Augen gesteckt und befestigt werden.

6 Machen Sie dazu einen Palstek oder spleißen Sie das lose Ende an seine eigene stehende Part mit einem Augspleiß (Seite 265).

Affenfaust

Oft imitiert, doch nie erreicht – die Affenfaust ist der ultimative Wurfleinenknoten und mindestens schon seit dem Jahre 1889 in Gebrauch. Ursprünglich wurde eine Stahl- oder Holzkugel oder eine Murmel in die Mitte des Knotens eingesetzt, um ihn schwerer zu machen. Zwar denkt man bei einer Affenfaust in erster Linie an die Seefahrt, doch wurde dieser Knoten auch als Schleuderwaffe eingesetzt und war in einigen Staaten der USA sogar verboten.

Bewertung

Stärke

Sicherheit

Schwierigkeit zu binden

Schwierigkeit zu lösen

Praktischer Nutzen

1 Machen Sie drei Augen am Ende der Leine. Am besten verwenden Sie die Finger einer Hand, um die Törns herumzuwickeln.

2 Wickeln Sie drei weitere Törns im rechten Winkel über die ersten Törns.

3 Stecken Sie das lose Ende durch die drei ersten Törns und führen Sie es auf der anderen Seite wieder heraus.

4 Umwickeln Sie die als zweites gemachten drei Törns mit drei weiteren Törns im rechten Winkel. Setzen Sie jetzt eine Kugel oder Murmel ein, falls gewünscht.

5 Arbeiten Sie die Lose aus den Wicklungen. Das kann einige Zeit in Anspruch nehmen. Dann kann das Ende abgeschnitten und versiegelt werden.

6 Wenn keine Kugel eingesetzt wurde, kann stattdessen auch das Ende der Leine eingesetzt werden. Machen Sie dazu einen Überhandknoten (Seite 148).

Affenfaust mit verspleißtem Ende

Verwendet man für die Affenfaust eine geschlagene Leine, kann das Ende auch sehr gut mit einem Augspleiß an die stehende Part (Seite 265) gespleißt werden. Bei anderen Leinen kann man alternativ das lose Ende und die stehende Part mit einem Palstek (Seite 112) verbinden.

Bewertung

Stärke
Sicherheit
Schwierigkeit zu binden
Schwierigkeit zu lösen
Praktischer Nutzen

1 Machen Sie eine Affenfaust wie gegenüber beschrieben. Binden Sie die Leine ungefähr 15 Zentimeter vom Ende ab und schlagen Sie die Kardeele auf.

2 Spleißen Sie die Kardeele an die stehende Part, wie auf Seite 265 gezeigt.

3 Schneiden Sie die Kardeele bündig ab und verschmelzen Sie die Enden (Seite 251).

7 Ziehen Sie die Törns etwas auseinander, um eine Öffnung zu schaffen.

8 Stecken Sie das Ende mit dem Überhandknoten ins Innere.

9 Ziehen Sie den Knoten fest. Arbeiten Sie dazu die Lose in Richtung zur stehenden Part durch alle Törns heraus. Ziehen Sie nicht zu fest zu, um den Knoten nicht unnötig zu verkleinern.

Lange Trompete in der Bucht

Ein Knoten, über den zwar viel geredet wird, der aber nur sehr selten an Bord gebunden wird. Früher hat man mit der Langen Trompete eine Leine verkürzt, ohne die Enden abzuschneiden, oder man hat eine beschädigte Stelle in die Mitte der Trompete genommen und auf diese Art überbrückt. In der heutigen Praxis haben wir jedoch kaum noch Verwendung für diesen Knoten außer zur Unterhaltung und zum Knotenüben.

Bewertung

Stärke

Sicherheit

Schwierigkeit zu binden

Schwierigkeit zu lösen

Praktischer Nutzen

1 Machen Sie drei Überhandaugen nebeneinander.

2 Legen Sie das linke Auge über und das rechte Auge unter das mittlere Auge.

3 Ziehen Sie eine Bucht aus dem mittleren Auge nach oben durch das linke Auge und eine weitere Bucht nach unten durch das rechte Auge.

4 Ziehen Sie den Knoten an den stehenden Parten fest.

Lange Trompete gesteckt

Die Lange Trompete ist kein sehr sicherer Knoten und kann leicht aufgehen, wenn die zwei vorstehenden Augen irgendwo hängenbleiben. Das kann aber verhindert werden, indem man die Enden der Leine zur Sicherung durchsteckt.

Bewertung

Stärke
Sicherheit
Schwierigkeit zu binden
Schwierigkeit zu lösen
Praktischer Nutzen

1 Machen Sie eine Lange Trompete in der Bucht (siehe Seite gegenüber). Die Enden der Leine beginnen hier schon den zweiten Arbeitsschritt.

2 Stecken Sie an beiden Seiten die Enden der Leine durch die Augen.

3 Ziehen Sie den Knoten fest. Jetzt erinnert die Lange Trompete stark an zwei Palsteke.

Lange Trompete mit Webeleinstek

Auch wenn die Enden nicht zur Verfügung stehen, lässt sich die Sicherheit der Langen Trompete erhöhen, indem aus den Halben Schlägen an jedem Ende ein Webeleinstek gemacht wird. Das ist besonders praktisch, wenn die Leine noch weiter verkürzt werden soll.

Bewertung

Stärke
Sicherheit
Schwierigkeit zu binden
Schwierigkeit zu lösen
Praktischer Nutzen

1 Machen Sie eine Lange Trompete in der Bucht (siehe Seite gegenüber).

2 Machen Sie auf beiden Seiten einen zusätzlichen Halben Schlag über die Augen, sodass ein Webeleinstek entsteht. Ziehen Sie den Knoten fest.

Rahnockknoten

Der Rahnockknoten sieht wie eine Variante der Langen Trompete aus und ist auch genau gleich aufgebaut, hatte früher aber eine viel unheilvollere Aufgabe. Er wurde bei Hinrichtungen auf See gegen einen Block an der Rah gezogen, wo er aufging und die Part mit der Schlinge nach unten stürzen ließ. Doch kann er verwendet werden, wenn eine vorgegebene Länge mit einem Ruck freikommen soll.

Bewertung

Stärke

Sicherheit

Schwierigkeit zu binden

Schwierigkeit zu lösen

Praktischer Nutzen

1 Machen Sie ein großes Überhandauge in die stehende Part. Die Länge des Auges entspricht der Hälfte der Länge der freikommenden Leine.

2 Machen Sie ein kleines Unterhandauge in das lose Ende.

3 Stecken Sie das untere Ende des großen Auges durch das kleine Auge.

4 Ziehen Sie den Knoten fest. Das obere Ende des großen Auges wird mit einem dünnen Garn an die stehende Part gebändselt. Unter Last bricht dieses Bändsel und gibt die ganze Länge der Leine frei.

Knoten-Know-how

In der Fernsehserie *Man vs. Wild* (Abenteuer Survival) musste man die Luft anhalten, als sich der britische Abenteuer Bear Grylls mit zwei kurzen Leinen von einem Felsen abseilte, die er mit einer Variante des Trompetensteks, dem sogenannten Kamikazeknoten, verbunden hatte. Unten angekommen schüttelte er die Leine, der Knoten ging auf und er konnte die untere Leine abziehen. Was immer Sie tun, machen Sie das nicht nach!

Poldo-Talje

Wie genial diese Knotentalje arbeitet, erkennt man erst, wenn man sie gebunden hat. Verwenden Sie die Poldo-Talje, um Gummileinen oder Expander zu ersetzen und allgemein als schnell lösbare Spannvorrichtung, z. B. um eine Rettungsinsel an Deck zu verzurren. Ihren Namen erhielt diese Talje von dem italienischen Segellehrer Poldo Izzo, doch in Gebrauch ist sie mindestens schon seit dem 18. Jahrhundert.

Bewertung

- Stärke
- Sicherheit
- Schwierigkeit zu binden
- Schwierigkeit zu lösen
- Praktischer Nutzen

1 Legen Sie zwei Buchten in die Leine und führen Sie das lose Ende durch die erste Bucht.

2 Binden Sie einen Palstek (Seite 112) oder eine Anglerschlaufe (Seite 119) um die erste Bucht.

3 Führen Sie das andere Ende der Leine durch die zweite Bucht.

4 Binden Sie einen Palstek oder eine Anglerschlaufe als zweiten Umlenkpunkt um die Bucht.

5 Fertig! Ziehen Sie zum Spannen die beiden Augen auseinander, und ziehen Sie die Augen zueinander, um die Talje zu fieren.

Taljenwicklung

Man sollte an Bord immer eine einsatzbereite Talje mit richtigen Blöcken in Reserve mitführen, sodass man nicht erst das halbe Rigg zerlegen muss, um einen Flaschenzug zusammenzustellen. Andernfalls kann jedoch diese Talje ohne Blöcke eine praktische Alternative bieten. Sie hat zwar mehr Reibung, aber selbst das kann manchmal vorteilhaft sein. Da sie auch wesentlich günstiger in der Anschaffung ist, wird die Taljenwicklung gern für zahlreiche Aufgaben eingesetzt.

Bewertung

- Stärke
- Sicherheit
- Schwierigkeit zu binden
- Schwierigkeit zu lösen
- Praktischer Nutzen

Der Kraftvorteil durch einen Flaschenzug ist eine wunderbare Sache. Er ermöglicht es, schwere Lasten mit geringem Aufwand zu heben oder zu bewegen. An Bord setzen wir Taljen zum Trimmen der Segel, beim Schwertfall oder an den Davits ein.

Eine solche Talje besteht gewöhnlich aus zwei Blöcken, durch die eine einzige Leine läuft. Je öfter die Leine an den Blöcken umgelenkt wird, umso größer ist die Untersetzung und umso geringer ist der nötige Kraftaufwand. Auf der anderen Seite bedeuten viele Umlenkungen auch eine längere Leine und somit mehr Zeit, sie durchzuholen.

Durch die Umlenkung mit Blöcken entsteht wenig Reibung, moderne Blöcke sind sogar kugelgelagert, während es bei altmodischen Blöcken zu einem Kraftverlust von bis zu zehn Prozent an jeder Seilscheibe kommen kann.

Man kann sich aber auch eine Talje nur aus einer Leine machen. Hier ist der Reibungsverlust zwar noch viel höher, aber insgesamt wird es immer noch bedeutend leichter sein, einen schweren Gegenstand zu bewegen, als ohne Talje.

Die Reibung hat sogar den Vorteil, eine solche Talje nahezu selbsthemmend zu machen, doch sollte man sie zur Sicherheit lieber mit einem Halben Schlag abschließen, wenn sie unter Last bleiben soll.

Mit der Taljenwicklung kann man zwei Gegenstände innerhalb des großen Auges zueinander ziehen oder die Talje mit einem Ende festmachen und Spannung zu einem anderen Punkt hin ausüben. So lässt sich ein Dingi an Deck oder auf dem Trailer festzurren, laufendes Gut spannen oder zwei Holzstücke aneinander pressen.

Ein Nachteil bei häufigem Gebrauch ist allerdings der Abrieb der Leine innerhalb der Augen. In dem Fall könnte eine richtige Talje mit Blöcken doch die bessere Wahl sein.

Diese Taljenwicklung wurde 1985 von George Aldridge vorgestellt und fand seitdem weite Verbreitung.

1 Binden Sie eine Anglerschlaufe (Seite 119) in das Ende der Leine. Lassen Sie das Ende lang, wenn Spannung zu einem Punkt hin ausgeübt werden soll (siehe oben).

2 Binden Sie noch eine Anglerschlaufe in die stehende Part.

3 Mit dem Abstand zwischen den beiden Anglerschlaufen bestimmt man den Arbeitsweg der Talje.

4 Führen Sie die stehende Part durch das erste Auge. Die Leine muss entsprechend lang für die Wicklungen sein.

5 Führen Sie die stehende Part durch das zweite Auge.

6 Machen Sie beliebig viele Wicklungen. Je mehr Wicklungen, umso größer ist der Kraftvorteil, aber umso langsamer und steifer wird die Talje im Gebrauch.

Prusik-Kannenschlinge

Kletterer kennen den Prusikknoten, den der österreichische Bergsteiger Dr. Karl Prusik in den 1930er-Jahren erfunden hat. Doch konnte der gute Doktor nicht wissen, dass sein genialer Reibungsknoten auch als Kannenschlinge gute Dienste leisten würde – ein weiteres Beispiel, wie Knoten immerzu abgewandelt und weiterentwickelt werden.

Bewertung

Stärke
Sicherheit
Schwierigkeit zu binden
Schwierigkeit zu lösen
Praktischer Nutzen

1 Verbinden Sie die Enden einer Leine zu einer Schlaufe und legen Sie sie wie gezeigt um den Hals einer Flasche.

2 Führen Sie die Schlaufe noch einmal herum und durch das Auge. Die Parten der neuen Umwicklung sollten zwischen den anderen Parten liegen.

3 Ziehen Sie das Auge etwas auf und verdrehen Sie es im oder gegen den Uhrzeigersinn.

4 Führen Sie das Ende der Schlaufe durch das Auge. Ziehen Sie alle Törns fest, sodass sie eng an der Flasche anliegen.

Kannenschlinge oder Krugknoten

Bewertung

Stärke
Sicherheit
Schwierigkeit zu binden
Schwierigkeit zu lösen
Praktischer Nutzen

Eine dauerhaftere, wenn auch kompliziertere, Befestigung bietet dieser Würgeknoten. Bereits in der Antike wurde er zum Transport schwerer Amphoren verwendet. Auch war eine Variante dieses Knotens unter den amerikanischen Cowboys als Zaumzeug weit verbreitet.

1 Machen Sie ein Auge unterhand und legen Sie das lose Ende wie gezeigt über das Auge.

2 Ziehen Sie eine Bucht aus dem losen Ende nach unten durch das Auge, um eine einfache Schlinge zu bilden.

3 Legen Sie mit dem losen Ende eine Bucht an der Unterseite über das Auge und führen Sie das lose Ende dann durch das Auge und über die obere Bucht.

4 Führen Sie das lose Ende hinter der oberen Bucht außen um den Knoten herum und stecken Sie es durch die untere Bucht.

5 Ziehen Sie die obere Bucht zu einem Griff in die Länge und richten Sie den Knoten in die Form eines Rings.

6 Stülpen Sie den Ring über einen Flaschenhals und ziehen Sie ihn fest zu. Knoten Sie das lose Ende und die stehende Part zusammen, um den zweiten Griff zu bilden.

Laschings und Verzurrungen

6

Stangenlasching

Als es noch keine Nägel, Schrauben oder Schäkel gab, wurden Gegenstände mit Laschings verbunden, bis sie nach und nach durch mechanische Befestigungselemente verdrängt wurden. Heute erleben Laschings ein überraschendes Comeback. Die Stangenlasching gehört dabei zu den einfachsten Beispielen. Verwenden Sie sie, um Stangen zu tragen oder sie an die Reling oder einen Autodachträger zu zurren.

1 Legen Sie zwei Buchten in die stehende Part.

Bewertung

- Stärke
- Sicherheit
- Schwierigkeit zu binden
- Schwierigkeit zu lösen
- Praktischer Nutzen

Gegenstände mit Tauwerk zusammenzubinden mag primitiv erscheinen und an Zeiten erinnern, in denen die einfachsten Befestigungselemente noch erfunden werden mussten.

Mit der KON-TIKI wurde jedoch der Beweis erbracht, dass ein ausschließlich mit Tauwerk zusammengehaltenes Boot seetüchtig sein konnte, auch wenn es nur ein 14 Meter langes Floß war. Hanfseile hielten dabei nicht nur die Stämme des Rumpfes zusammen, sondern auch den Mast, das Ruder, den Aufbau und das Bambussegel.

Etwa zur gleichen Zeit, als Flöße wie die KON-TIKI den Pazifik befuhren, bauten die Wikinger ihre außergewöhnlichen Langschiffe. Sie verbanden die Planken in der Regel mit Eisennägeln, manchmal aber auch mit Nähten und Laschings.

Auf den großen Segelschiffen fanden Laschings breite Anwendung. So waren die Unterrahen auf den schnellen Klippern wie der CUTTY SARK bis ins späte 19. Jahrhundert mit Tauwerk, den sogenannten Racks, mit den Masten verbunden. Erst nach und nach wurden solche Befestigungen durch Metallbeschläge in allen Bereichen ersetzt, bis zu dem Punkt, dass man mit einem Stück Tauwerk gerade noch ein Sonnensegel oder die Halterung für den Rettungsring an der Reling festmacht.

Nur in Notsituationen wie einem Mastbruch oder dem Verlust des Ruders spielen Laschings auf einmal wieder eine entscheidende, wenn nicht sogar lebensrettende, Rolle. Mitten auf dem Ozean gibt es nämlich keinen Eisenwarenladen, sodass man mit dem auskommen muss, was an Bord ist, und das ist in erster Linie Tauwerk.

Mit starkem und widerstandsfähigem Kunstfasertauwerk erlangen Laschings in der letzten Zeit wieder zunehmend an Bedeutung. So verwendet der Katamarandesigner James Wharram schon lange eine Achtknoten-Lasching als Ruderaufhängung anstelle eines Metallbeschlags.

Mit modernem Hochmodulfaser-Tauwerk lassen sich heute sogar Metallschäkel ersetzen. Diese Tauwerkschäkel (Seite 280) sind nicht nur stärker als Metallschäkel, sie bergen auch keine Verletzungsgefahr, beispielsweise am Schothorn einer im Wind schlagenden Genua.

So halten Laschings und Befestigungen aus Tauwerk heute wieder Einzug auf den modernsten Yachten und sind dabei alles andere als primitiv. Wer hätte das voraussagen können?

2 Legen Sie die Stangen so über die Leine, dass die Buchten an beiden Seiten überstehen.

3 Führen Sie beide Enden der Leine durch die jeweils gegenüberliegende Bucht.

4 Ziehen Sie die Buchten zu und verschnüren Sie die Lasching mit einem Kreuzknoten (Seite 156).

Querbalkenzurring

Die Querbalkenzurring ist die am häufigsten benötigte Befestigung, egal ob man eine Rah am Mast anschlägt oder nur einen behelfsmäßigen Unterstand baut. Wichtig dabei ist, die Wicklungen von den Zurrtörns zu unterscheiden (siehe unten bei Knoten-Know-how) sowie sich den Zimmermannsstek (Seite 56) und den Webeleinstek (Seite 32) noch einmal ins Gedächtnis zu rufen.

Bewertung

- Stärke
- Sicherheit
- Schwierigkeit zu binden
- Schwierigkeit zu lösen
- Praktischer Nutzen

1 Binden Sie das Ende der Leine mit einem Zimmermannsstek (i. d. Abb.) oder einem Webeleinstek an die untere Stange oder Spiere.

2 Wickeln Sie die Leine über die obere Stange, dann unter der unteren herum, wieder über die obere und erneut um die untere. Machen Sie drei solche Umwicklungen.

3 Wickeln Sie jetzt zwei Zurrtörns um die ersten Törns herum.

4 Ziehen Sie die Zurrtörns gut fest und sichern Sie das Ende mit einem Webeleinstek.

Knoten-Know-how

Die meisten Laschings bestehen einerseits aus Törns, die um die Gegenstände gelegt sind und diese verbinden, und andererseits aus Zurrtörns, die die Lasching unter Spannung setzen. Diese Zurrtörns werden in der Regel als Abschluss einer Lasching gemacht. Als Daumenregel gilt: Auf drei Umwicklungen kommen zwei Zurrtörns. Durch das Eintreiben von Keilen kann eine Lasching noch weiter gespannt werden.

Kreuzzurring

Für Stangen und Spieren, die nicht im rechten Winkel zueinander liegen, eignet sich diese Kreuzzurring. Verwenden Sie sie als Verstärkung oder Abstützung beispielsweise an einem Korbstuhl oder einer Bootspersenning. Als Alternative kann auch die Philippinische Lasching (Seite 178) dienen.

Bewertung

- Stärke
- Sicherheit
- Schwierigkeit zu binden
- Schwierigkeit zu lösen
- Praktischer Nutzen

1 Legen Sie einen Zimmermannsstek (Seite 56) um beide Stangen und ziehen Sie sie fest aneinander.

2 Legen Sie drei Wicklungen auf der Seite des stumpfen Winkels um die Stangen.

3 Legen Sie drei weitere Törns an der Seite des spitzen Winkels um die Stangen.

4 Wickeln Sie nun zwei Zurrtörns so fest wie möglich um die anderen Törns.

5 Ziehen Sie die Lasching fest und schließen Sie sie mit einem Webeleinstek (Seite 32) ab.

Scherzurring

Mit der Scherzurring kann man Stangen, einen Bootshaken oder sogar die Pinne verlängern. Diese einfache und wirksame Lasching besteht aus Wicklungen, Zurrtörns und zwei Webeleinsteks. Sie kann auch dann eingesetzt werden, wenn die Stangen auseinander gespreizt werden sollen, um eine Stütze oder, zusammen mit einer dritten Stange, einen Dreifuß zu bilden.

Bewertung

Stärke
Sicherheit
Schwierigkeit zu binden
Schwierigkeit zu lösen
Praktischer Nutzen

1 Binden Sie das Ende der Leine mit einem Webeleinstek (Seite 32) an eine der Stangen.

2 Wickeln Sie die Leine sieben- oder achtmal um beide Stangen.

3 Machen Sie zwei Zurrtörns um die Wicklungen.

4 Ziehen Sie die Törns gut fest und binden Sie das lose Ende mit einem Webeleinstek (Seite 32) an die andere Stange.

Achtknoten-Lasching

Normalerweise verbindet man zwei Kauschen mit einem Schäkel, doch gibt es Situationen, die eine andere Lösung erfordern: Soll der Abstand der Kauschen zueinander verstellt werden können oder soll die Verbindung in einem Notfall schnell mit dem Messer zu durchtrennen sein oder ist kein geeigneter Schäkel zur Hand, dann kann mit der Achtknoten-Lasching eine perfekte Verbindung erstellt werden.

Bewertung

Stärke
Sicherheit
Schwierigkeit zu binden
Schwierigkeit zu lösen
Praktischer Nutzen

1 Verbinden Sie das Ende der Leine mit der ersten Kausch: mit einem Palstek (Seite 112), einer Anglerschlaufe (Seite 119) oder, wie abgebildet, einem Augspleiß (Seite 265).

2 Führen Sie die Leine in Achten durch die beiden Kauschen.

3 Die Anzahl dieser Törns hängt von der benötigten Stärke der Verbindung und dem Durchmesser der Leine ab.

Knoten-Know-how

Auf den alten Segelschiffen kamen Laschings auch beim Aufholen des Ankers zum Einsatz. Da die Ankertrosse oft zu dick für das Spill war, wurde eine dünnere Trosse mit einer Lasching angeschlagen und dichtgeholt. Diese Lasching hieß im Englischen »nipper« und wurde traditionell vom jüngsten Besatzungsmitglied angebracht, was im heutigen englischen Sprachgebrauch auch zu der Bezeichnung »nipper« für einen Jungspund oder einen Pimpf geführt hat.

4 Ziehen Sie die Törns fest und schließen Sie die Lasching mit mehreren Halben Schlägen als Zurrtörns ab.

Philippinische Lasching

Diese Lasching bietet eine Alternative zur Kreuzzurring (Seite 175) und unterscheidet sich in erster Linie durch einen anderen Anfang und einen anderen Abschluss. Da die Philippinische Lasching in der Bucht gebunden wird, kann sich der Anfang der Leine unmöglich lösen und man hat beide Enden der Leine, um die Lasching abzuschließen.

Bewertung

Stärke

Sicherheit

Schwierigkeit zu binden

Schwierigkeit zu lösen

Praktischer Nutzen

1 Legen Sie eine Bucht in die Mitte der Leine und führen Sie sie um die beiden Stangen herum. Stecken Sie die Enden durch die Bucht, um einen Kuhstek (Seite 49) zu bilden.

2 Wickeln Sie beide Parten der Leine in der fortlaufenden Richtung drei Mal um die Stangen.

3 Wickeln Sie beide Parten der Leine weitere drei Mal im rechten Winkel zu den ersten Törns um die Stangen.

4 Nehmen Sie die Enden der Leine einzeln und legen Sie zwei gegenläufige Zurrtörns um die Lasching.

5 Ziehen Sie die Törns fest und schließen Sie mit einem Kreuzknoten (Seite 156) ab.

Japanische Lasching

Eine Alternative zur Querbalkenzurring (Seite 174), die auf den ersten Blick der Philippinischen Lasching (Seite gegenüber) ähnelt, obwohl sie anders begonnen wird. Statt der Schlaufe am Anfang kann die Lasching aber auch mit einem Webeleinstek (Seite 32) gemacht werden, wodurch sie nicht nur sicherer wird und nicht mehr auf der Stange verrutschen kann, sondern sich selbst dann nicht ablöst, wenn eine Part einmal durchscheuern sollte.

Bewertung

Stärke

Sicherheit

Schwierigkeit zu binden

Schwierigkeit zu lösen

Praktischer Nutzen

1 Machen Sie eine Bucht in die Mitte der Leine und legen Sie sie um die senkrechte Stange.

2 Führen Sie beide Parten über die obere Stange und dann um die untere Stange herum, um eine erste Wicklung zu legen.

3 Ziehen Sie die Stangen aneinander und machen Sie zwei weitere Wicklungen.

4 Nehmen Sie die Enden der Leine einzeln und machen Sie zwei gegenläufige Zurrtörns um die drei Wicklungen.

5 Ziehen Sie die Lasching fest und schließen Sie sie mit einem Kreuzknoten (Seite 156) oder einem ähnlichen Knoten ab.

Notmastknoten

Ob nun nach einem Mastbruch auf hoher See ein Notrigg improvisiert werden muss oder ob nur ein einfacher Dingimast gestellt werden soll, immer benötigt man einen Knoten zum Festmachen und Anschlagen der Wanten und Stage. Der Notmastknoten kann Mastbeschläge ersetzen – und dabei rostet er nicht einmal.

Es gibt viele außergewöhnliche Geschichten von Mastbrüchen mitten auf dem Ozean und dem Kampf der Crews, mit einem clever improvisierten Notrigg einen Hafen zu erreichen. Dabei kann nur Material eingesetzt werden, das an Bord ist, ob nun ein Spinakerbaum herhalten muss, ob der Großbaum zum Mast umfunktioniert wird oder ob der obere Teil des Mastes an den Maststumpf gelascht werden muss.

Ob der Notmastknoten in solchen Fällen wirklich eingesetzt wurde, kann hier nicht mit Bestimmtheit gesagt werden. Selbst die Frage, ob dieser Knoten im Rigg historischer Schiffe Verwendung fand, ist nicht eindeutig geklärt. Auf den großen Rahseglern gab es eine Unzahl an Wanten und Stagen. Sie waren mit einem gespleißten oder gebändselten Auge um den Mast gelegt oder als Paare mit einem mittig eingespleißten Auge geriggt.

Diese Spleiße wichen mit der Zeit metallenen Beschlägen und Mastbändern, an denen die Wanten und Stage einzeln befestigt wurden. Diese Funktion versucht der Notmastknoten zu erfüllen.

Neben solch ernsten Anwendungen kann der Notmastknoten auch zu Spielereien dienen. Genau wie beim Tom-Fool-Knoten (Seite 144), der einen ähnlichen Anfang hat, kann man eine Kannenschlinge daraus zaubern, wenn man beide Enden verbindet, den Knoten über eine Flasche stülpt, zwei Schlaufen unter den Flaschenboden klemmt und die anderen zwei Schlaufen nach oben als Griff nimmt. So macht er sogar der Prusik-Kannenschlinge (Seite 168) Konkurrenz. Führt man ein loses Ende über die Mitte des Knotens und steckt es abwechselnd unter und über die anderen Parten und führt es dann noch einmal außen herum, so entsteht eine Matte als Untersetzer. Darauf kann man wenigstens ein stilvolles Abendessen servieren, sollte man es nach einem Mastbruch nur auf eine einsame Insel schaffen.

Bewertung

- Stärke
- Sicherheit
- Schwierigkeit zu binden
- Schwierigkeit zu lösen
- Praktischer Nutzen

1 Machen Sie drei Augen in die stehende Part und legen Sie sie wie gezeigt nebeneinander.

2 Schieben Sie das linke Auge über und das rechte Auge unter das mittlere Auge.

3 Ziehen Sie eine Bucht aus dem rechten Auge über das linke Auge.

4 Ziehen Sie eine Bucht aus dem linken Auge über und eine Bucht aus dem rechten Auge unter das mittlere Auge.

5 Führen Sie die Buchten über und unter, bis sie an allen drei Seiten hervortreten. Ziehen Sie dann den Knoten fest.

Marlleinenschlag

Die meisten Segler verwenden Zeisige, um das Großsegel auf dem Baum aufzutuchen. Man kann aber auch mit einer einzigen Leine eine Reihe großer Marlleinenschläge vom Hals zum Schothorn machen und so das Segel sehr schnell und wirksam sichern. Eine solche Leine verliert man auch nicht so leicht über Bord wie die kurzen Zeisige.

Bewertung

Stärke
Sicherheit
Schwierigkeit zu binden
Schwierigkeit zu lösen
Praktischer Nutzen

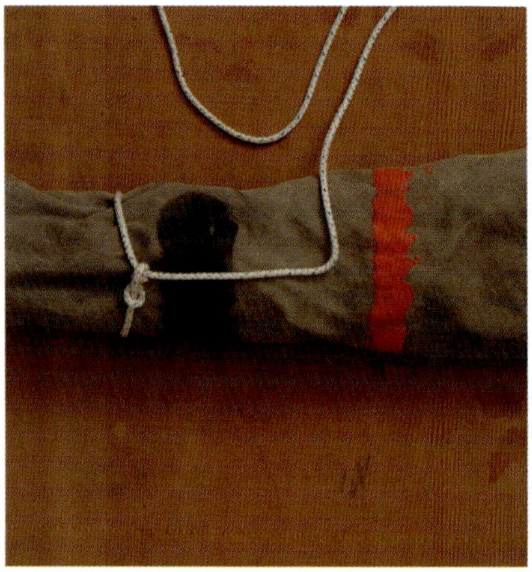

1 Befestigen Sie ein Ende entweder am Boot selbst oder machen Sie eine Schlinge um das Segel, beispielsweise mit einem laufenden Palstek (Seite 131).

2 Legen Sie etwa 30 Zentimeter von der ersten Schlinge entfernt einen zweiten Törn und führen Sie das lose Ende unter der stehenden Part durch.

3 Ziehen Sie die Leine seitwärts, um den ersten Schlag zu bilden, und fahren Sie so fort bis ans Ende der Leine oder des Segels.

4 Sichern Sie das Ende mit zwei Halben Schlägen (Seite 28) oder binden Sie es einfach zur Seite hin fest.

Knoten-Know-how

Die Hängematten der Mannschaften wurden traditionell mit Marlleinenschlägen zu Bündeln geschnürt. Das lose Ende der Leine wurde dazu durch einen Augspleiß an der stehenden Part gesteckt, um die erste Schlinge zu bilden. Dann wurde sieben Marlleinenschläge gemacht – einen für jeden Ozean –, und mit zwei Halben Schlägen wurde die Verschnürung abgeschlossen.

Kettenschlag-Lasching

Diese Lasching, um ein Segel aufzutuchen oder ein Sonnensegel zu stauen, ist etwas ausgeklügelter, aber im Grunde nicht anderes als eine Häkelschlinge. Mit einem Zug am Ende der Leine geht die gesamte Lasching auf wie ein Reißverschluss. Damit kann man auf jeden Fall Eindruck beim Stegnachbarn in der Marina hinterlassen, während der noch mit seinen endlosen Zeisigen herumhantiert.

Bewertung	
Stärke	3
Sicherheit	3
Schwierigkeit zu binden	2
Schwierigkeit zu lösen	1
Praktischer Nutzen	3

1 Belegen Sie das Ende der Leine mit einem Zimmermannsstek (Seite 56). Legen Sie einen Törn um das Segel und stecken Sie eine Bucht unter der stehenden Part durch.

2 Legen Sie einen weiteren Törn etwa 30 Zentimeter entfernt vom ersten um das Segel. Nehmen Sie das lose Ende zu einer Bucht und stecken Sie die durch die erste Bucht.

3 Machen Sie weitere Törns und stecken Sie jedes Mal eine Bucht durch die zuvor gemachte Bucht, bis Sie das Ende der Leine oder das Ende des Segels erreichen.

4 Ziehen Sie die Schlingen maßvoll fest und schließen Sie mit einem Webeleinstek (Seite 32) ab. Zum Lösen bindet man einfach den Webeleinstek auf und muss nur noch am Ende ziehen!

Seilbunde

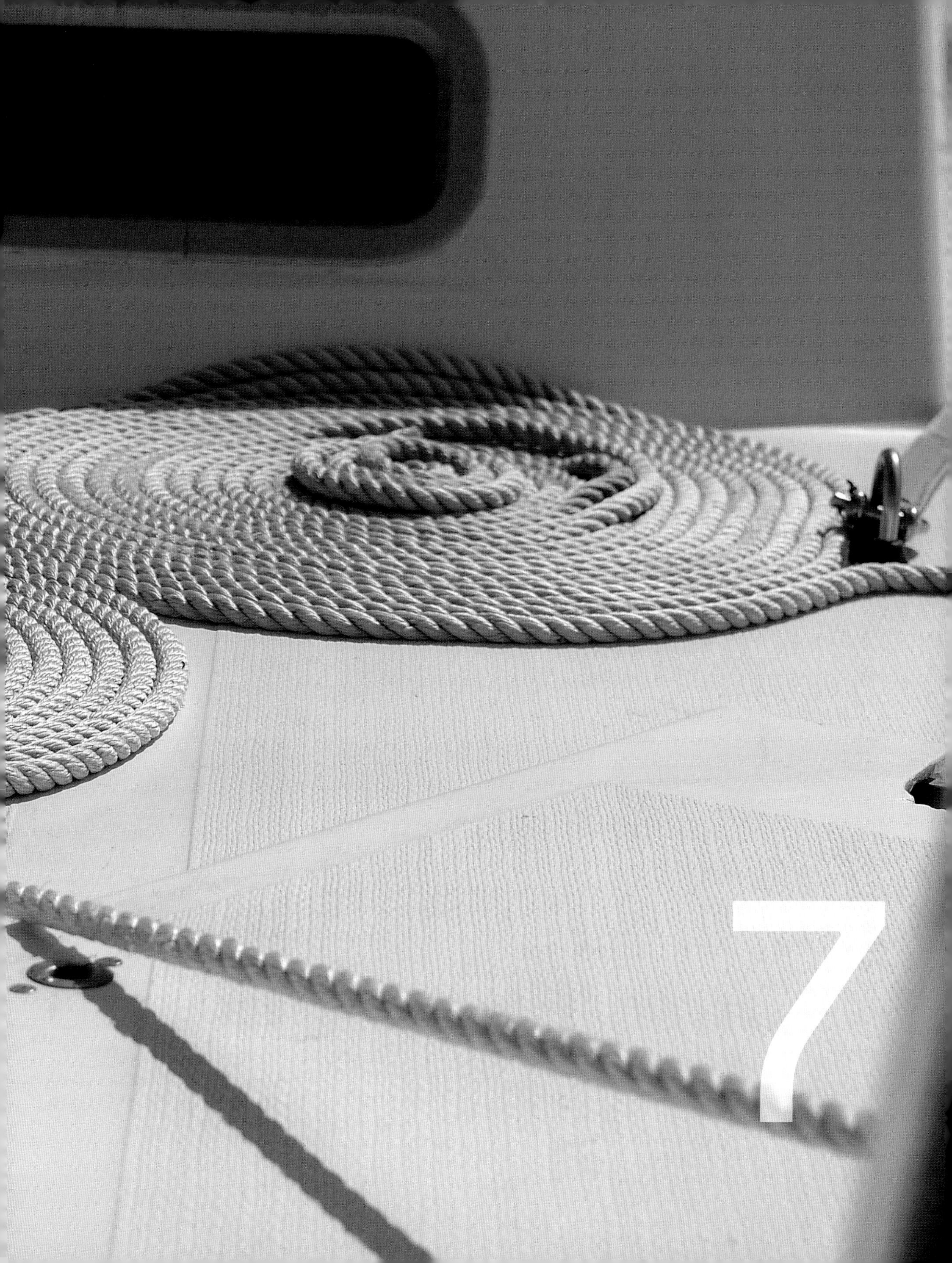
7

Einfacher Seilbund

Bewertung

- Stärke
- Sicherheit
- Schwierigkeit zu binden
- Schwierigkeit zu lösen
- Praktischer Nutzen

Der Umgang mit Tauwerk macht nur Spaß, wenn man seine Leinen sauber und ordentlich stauen kann, und eine Leine richtig aufzuschießen ist dabei der erste Schritt. Bald wird man das schon mit geschlossenen Augen beherrschen, doch zuvor muss man sich für eine der verschiedenen Techniken beim Aufschießen entscheiden, denn da gibt es mehr Auswahl, als man meinen möchte. Übrigens: Im Norden ist für den Seilbund auch der Begriff »Bunsch« gebräuchlich.

Nichts leichter, als eine Leine aufzuschießen, könnte man denken: Man macht einfach eine Menge Törns übereinander und bindet sie zusammen, doch weit gefehlt. Es gibt sehr unterschiedliche Methoden.

Soll man bei jedem Auge Twist in die Leine geben? Soll man die Richtung der Leine im Seilbund mit jedem Auge abwechseln? Soll man in Achten aufschießen? Soll man mit einem Überwurf oder einem Webeleinstek abschließen? Einen Schmetterlingsbund oder Alpinen Seilbund machen?

Da kann man schon schwindlig werden, bevor man anfängt! Die Wahl der besten Methode hängt von den Umständen ab: Der Art des Tauwerks, ob man Rechts- oder Linkshänder ist und wie die Leine gestaut werden soll. Einige feste Regeln gibt es aber doch.

Ein Fall oder ein Seil, das an einem Ende fest ist, wird immer von diesem belegten Ende aus aufgeschossen. So können Kinken zum Ende hin ausgedreht werden.

Halten Sie als Rechtshänder die stehende Part der Leine in Ihrer linken Hand und fahren Sie mit der rechten Hand über die Leine, um die Bucht zu formen. Strecken Sie dabei den rechten Arm immer gleich weitaus, um gleich große Buchten zu erhalten. Dreischäftig geschlagenes Tauwerk ist gewöhnlich rechtsgeschlagen und wird deshalb am besten im Uhrzeigersinn aufgeschossen. In der Praxis ist es oft leichter, eine Leine in der Richtung aufzuschießen, in der sie bereits zuvor aufgeschossen wurde. Damit die Buchten sauber nebeneinander liegen, verdreht man die Leine bei jedem Törn etwas nach innen.

Moderne Leinen sind drehneutral, das bedeutet, dass sie beim Aufschießen nicht vertwistet werden müssen. Legen Sie solche Leinen in Achten, um zu vermeiden, dass Twist in einem Seilbund entsteht. Eine andere Methode ist, die Törns immer in abwechselnder Richtung zu legen.

Auf den folgenden Seiten werden auch verschiedene Methoden gezeigt, einen Seilbund abzuschließen – je nach Art der Lagerung.

1 Machen Sie einen Bund wie oben beschrieben.

2 Nehmen Sie zwei Törns von dem Bund ab und halten Sie ihn im oberen Drittel zusammen. Wickeln Sie das lose Ende an dieser Stelle herum.

3 Machen Sie mindestens drei Wicklungen. Das Ende soll mindestens die Länge eines halben Törns haben, um den Seilbund abzuschließen.

Fallen-Bund

Ist ein Ende der Leine festgemacht wie bei einem Fall, wäre der einfache Seilbund (Seite gegenüber) viel zu umständlich zu lösen. Hier sind zwei Methoden, wie ein Fall aufgeschossen und gestaut werden kann. Beide stammen aus der Zeit der Segelschifffahrt.

Bewertung

- Stärke
- Sicherheit
- Schwierigkeit zu binden
- Schwierigkeit zu lösen
- Praktischer Nutzen

1 Ist der Bund nicht allzu groß und die Klampe oder der Belegnagel nicht allzu klein, kann der Bund einfach über die Klampe oder den Belegnagel gehängt werden, wie hier gezeigt.

2 Bei einem größeren Bund führt man die stehende Part durch den Bund und macht sie mit einem Achtknoten oder einem Halben Schlag fest.

4 Stecken Sie das lose Ende durch das obere Auge und holen Sie es dicht, um den Knoten zu festigen.

5 So kann der Seilbund gestaut oder mit dem Ende aufgehängt werden.

Seilbund mit Webeleinstek

Wer eine größere Anzahl an Seilbunden stauen muss, sollte sie etwas sicherer abschließen als den einfachen Seilbund (Seite 186). Hier wird ein einfacher Seilbund gezeigt, der mit unserem alten Bekannten, dem Webeleinstek (Seite 32), abgeschlossen wird. Lassen Sie die Enden lang genug, um paarweise Leinen (z. B. Genuaschoten) mit einem geeigneten Verbindungsknoten (Seite 80) zusammenzuhalten.

Bewertung

Stärke
Sicherheit
Schwierigkeit zu binden
Schwierigkeit zu lösen
Praktischer Nutzen

1 Schießen Sie das Tauwerk wie gehabt auf und führen Sie das lose Ende um die Taille des Bundes herum.

2 Binden Sie einen Webeleinstek um den Bund und stecken Sie dabei den zweiten Törn unter die stehende Part.

3 Ziehen Sie den Knoten fest. Am Seilende kann der Bund aufgehängt oder mit einem anderen Seilbund zusammengeknotet werden.

Seilbund mit Überwurf

Diese klassische Methode, einen Seilbund abzuschließen, ist nicht nur einfach zu machen, sie hält die Törns auch zuverlässig zusammen. Am Ende kann der Bund aufgehängt oder bei paarweisen Leinen mit einem anderen Seilbund verknotet werden.

Bewertung

Stärke
Sicherheit
Schwierigkeit zu binden
Schwierigkeit zu lösen
Praktischer Nutzen

1 Schießen Sie die Leine auf und machen Sie mindestens drei Törns um die Taille. Führen Sie eine Bucht des losen Endes durch das obere Auge des Bundes.

2 Stülpen Sie die Bucht so über den Bund, dass sie auf der anderen Seite wieder neben den drei Törns zu liegen kommt. Ziehen Sie sie am losen Ende fest.

Glöcknerknoten

Für Leinenenden, die auf das Deck oder den Aufbau herunterhängen, bietet der Glöcknerknoten eine praktische Methode, um sie hochzubinden. Wem der Glöcknerknoten bereits bekannt vorkommt, irrt nicht. Im Prinzip ist es die Hälfte einer Langen Trompete (Seite 162) oder ein umgekehrter Rahnockknoten (Seite 164). Legen Sie einen zusätzlichen Schlag, wenn mehrere Törns hochgebunden werden sollen.

Bewertung

Stärke

Sicherheit

Schwierigkeit zu binden

Schwierigkeit zu lösen

Praktischer Nutzen

1 Machen Sie ein Überhandauge in die stehende Part.

2 Nehmen Sie die Leine unterhalb des Auges zu einer Bucht.

3 Stecken Sie den oberen Teil der Bucht durch das Auge und ziehen Sie den Knoten an der stehenden Part fest.

Alpiner Seilbund

Bis hierher waren alle Seilbünde für relativ lehniges Tauwerk gedacht, dem man im Bund leicht eine Taille geben kann. Wer sehr festes und steifes Tauwerk aufschießen möchte, sollte es zu einem Ring legen. Dafür eignet sich der Alpine Seilbund oder der Seilbund mit Umwicklung (Seite 193), je nachdem, ob die Leine schnell einsatzbereit sein muss oder länger weggestaut wird.

Bewertung

Stärke

Sicherheit

Schwierigkeit zu binden

Schwierigkeit zu lösen

Praktischer Nutzen

1 Schießen Sie die Leine wie gehabt auf, legen Sie das eine Ende zu einer Bucht und wickeln Sie das andere Ende um die Parten des Bundes herum.

2 Machen Sie mindestens drei Wicklungen in Richtung zur Bucht. Wickeln Sie aber nicht ganz über die Bucht, sondern lassen Sie das Ende der Bucht vorstehen.

3 Stecken Sie das lose Ende durch die Bucht.

4 Ziehen Sie die Bucht an der stehenden Part zu und ziehen sie den Knoten fest. Lassen Sie das lose Ende etwas länger, wenn der Seilbund daran aufgehängt werden soll.

Schmetterlingsbund

Mit dem Schmetterlingsbund tragen Bergsteiger üblicherweise ihre Seile. An Bord kann aus ihm ein Haltegurt gemacht werden, indem man ihn so über den Rücken legt, dass die Enden nach vorn über die Schultern hängen. Führen Sie dann die Enden unter den Achseln nach hinten, über den Bund, wieder nach vorn und binden Sie sie mit einem Kreuzknoten (Seite 156) um die Hüfte zusammen.

Bewertung

- Stärke
- Sicherheit
- Schwierigkeit zu binden
- Schwierigkeit zu lösen
- Praktischer Nutzen

1 Nehmen Sie die Leine auf ihrer gesamten Länge doppelt. Beginnen Sie mit den Enden und schießen Sie die Leine in Richtung zur Bucht wie gehabt auf.

2 Formen Sie den Bund zu einem großen »U« und legen Sie einen Törn mit der Bucht um seine Mitte.

3 Legen Sie zwei oder drei weitere Törns um den Bund, bis die Bucht nur noch wenig übersteht.

4 Stülpen Sie die Bucht über den oberen Teil des Bundes, um die aufgeschossenen Schlaufen zu fixieren.

5 Ziehen Sie den Knoten fest. Um einen Haltegurt zu bilden, legen Sie die Enden (sichtbar an der Oberseite des Bundes) über die Schultern und folgen Sie der oben stehenden Beschreibung.

Achter-Scheibe

Wenn eine Leine sicher und schnell ausrauschen soll, ohne sich dabei zu verheddern, sollte man anstelle eines Seilbunds die Leine besser zu einer sogenannten Scheibe legen. Meist werden Scheiben für eine Ankerleine oder einen Festmacher eingesetzt. Auch die Ankerkette kann so auf Deck ausgelegt werden, damit sie sauber ausrauschen und nicht unklar kommen kann.

Bewertung

Stärke

Sicherheit

Schwierigkeit zu binden

Schwierigkeit zu lösen

Praktischer Nutzen

1 Beginnen Sie an der stehenden Part und legen Sie die Leine in Buchten.

2 Legen Sie die Buchten zu Achten und lassen Sie sie überlappen.

3 Legen Sie weitere überlappende Achten in die Richtung, in die die Leine ausrauschen soll.

4 Die Leine kann im rechten Winkel zu den Törns abgezogen werden.

Knoten-Know-how

Die Achter-Scheibe ist nur eine von vielen Möglichkeiten. So gibt es auch noch die Lange Scheibe, bei der einfache Törns nebeneinander auf dem Deck ausgelegt werden und in Längsrichtung ausrauschen. Die Französische Scheibe dagegen wird im rechten Winkel zu den Törns abgezogen, während sich bei der sogenannten Flämischen Tauscheibe die Törns an den Enden überlappen. Die Flämische Scheibe dagegen ist eigentlich keine Scheibe, sondern eine Schnecke (Seite194).

Seilbund mit Umwicklung

Bewertung
- Stärke
- Sicherheit
- Schwierigkeit zu binden
- Schwierigkeit zu lösen
- Praktischer Nutzen

Diese Methode eignet sich für steife Leinen, die für längere Zeit aufbewahrt werden sollen und nicht zu einem üblichen Seilbund gelegt werden können. Ist die Leine sogar so steif, dass sich die Enden nur schlecht herumwickeln lassen, so kann der Seilbund in regelmäßigem Abstand mit dünneren Garnen rundherum abgebunden werden. Die beste Art, dicke Leinen, die selten gebraucht werden, sicher zu stauen.

1 Schießen Sie die Leine wie gehabt auf und verknoten Sie die Enden mit einem Kreuzknoten (Seite 156) oder einem ähnlichen Knoten.

2 Wickeln Sie die Enden in entgegengesetzter Richtung um den Bund. Ist die Leine dafür zu steif, dann sichern Sie den Bund mit dünnerem Garn.

3 Machen Sie auf der anderen Seite einen weiteren Kreuzknoten, wenn Sie den Bund rundherum umwickelt haben.

4 Ziehen Sie den Knoten fest. So kann die Leine gestaut werden, ohne irgendwo hängenzubleiben oder sich zu verheddern.

Tauwerkschnecke

Eine schmuck herausgeputzte Yacht erkennt man gleich an den zu Schnecken gelegten Tauwerksenden. Wer die Leine aber in mehreren Lagen, einmal von innen, einmal von außen beginnend, übereinander legt, der macht keine Schnecke, sondern eine Französische Scheibe. Doch Vorsicht: Tauwerkschnecken können unliebsame Nebeneffekte sowohl für die Leine als auch für das Deck haben.

Die Leinen ordentlich zu Tauwerkschnecken gedreht und sorgsam auf dem geschrubbten Teakdeck platziert, das gehört zum echten Yacht-Stil. Selten genug, dass ein Segler etwas tut, das kaum einem anderen Zweck dient, als gut auszusehen. Schneller ginge es auf jeden Fall, die Leinen aufzuschießen.

Manch einer lehnt Tauwerkschnecken oder Flämische Scheiben, wie man sie auch nennt, jedoch ganz bewusst ab. Einerseits, weil sich die Leine leicht vertwistet, ganz besonders in der Mitte der Schnecke, und dann nicht mehr sauber durch einen Block laufen kann. Deshalb ist diese Methode für Schoten sicher nicht zu empfehlen. Andererseits tritt man leicht auf die an Deck liegenden Tauwerkschnecken, sodass die Leine schnell schmutzig oder gar beschädigt wird. Außerdem nehmen die Schnecken Feuchtigkeit auf, was weder gut für die Leine noch das Deck ist. Tauwerk-Profis empfehlen daher, eine Leine immer aufzuschießen und zum Trocknen aufzuhängen. Trotzdem bleiben die Schnecken beliebt. Üblicherweise legt man sie kreisförmig, doch können sie je nach Platzbedarf auch in Ellipsenform oder sogar rechteckig gemacht werden. Manch einer führt sie sogar als festen Bestandteil an Bord mit. Dazu näht man am besten das Ende mit etwas Takelgarn an die Törns.

Bewertung

- Stärke
- Sicherheit
- Schwierigkeit zu binden
- Schwierigkeit zu lösen
- Praktischer Nutzen

1 Schätzen Sie die Größe der Tauwerkschnecke und schießen Sie die Leine so auf, dass sie außen herum gelegt werden kann.

2 Drehen Sie das lose Ende so ein, dass es den Anfang der Spirale bildet.

3 Dreischäftig geschlagenes Tauwerk, das normalerweise rechtsgeschlagen ist, wird im Uhrzeigersinn zu einer Schnecke gedreht.

4 Drehen Sie die Schnecke, sodass die Törns eng aneinander liegen und sich weitere Törns außen herumlegen.

5 Die fertige Tauwerkschnecke kann in die gewünschte Position geschoben werden, aber sie kann nicht angehoben werden.

6 Durch Tauwerkschnecken kann Twist in der Leine entstehen, sodass die Methode nicht angewendet werden sollte, wenn die Leine schnell ausrauschen oder durch Blöcke laufen muss, wie z. B. bei einer Schot.

Zierknoten

8

Kronenknoten

Seeleute entwickelten auch Knoten zum Schutz gegen Abrieb oder um Werkzeuge zu sichern. Viele dieser Knoten waren neben ihrem praktischen Nutzen auch optisch sehr ansprechend. Der Kronenknoten und sein enger Verwandter, der Wandknoten (Seite 200), bilden die Basis für viele der komplizierteren Kunstwerke. Ein Kronenknoten allein kann bereits verhindern, dass sich eine Leine aufschlägt, und praktischerweise ist er auch der erste Schritt bei einem Rückspleiß (Seite 262).

Bewertung

Stärke
Sicherheit
Schwierigkeit zu binden
Schwierigkeit zu lösen
Praktischer Nutzen

Die Zeiten, als Seemänner den extremsten Wetterbedingungen trotzen mussten und monatelang ohne jeglichen Komfort an Bord lebten, machten sie sicherlich zu ziemlich harten Kerlen. Zaghaft jedenfalls konnten sie kaum sein, wenn sie 30 Meter hoch in die Masten steigen mussten, um im Sturm die Brahmsegel einzuholen.

Doch wenn sie nicht gerade solche Heldentaten vollbrachten und auch sonst keine ihrer mühseligen und oft schmutzigen Arbeiten zu erledigen hatten, konnten sie sich stundenlang mit ein paar Enden Bändselgut beschäftigen. So entstand die so genannte Marlspieker-Seemannschaft.

Die meisten dieser Zierknoten erfüllten einen praktischen Zweck an Bord. So kann man sich leicht vorstellen, wie aus dem Killick-Stek (Seite 58) ein Überzug für eine Flasche entstand, damit sie nicht zerbricht, wenn sie herunterfällt.

Andere Zierknoten entwickelten sich aus den Stoppknoten, die man in das Ende einer Leine machte, damit sie nicht durch einen Block ausrauschen kann. Wieder andere dienten als Schamfilschutz an der Reling oder an Spieren, wie die Türkischen Bunde (Seiten 230–237). Geflochtene Matten (Seiten 238–241) schützten das Deck und entwickelten sich zu wahren Kunstwerken.

Da »Fancywork« auch unter der Landbevölkerung sehr beliebt war, fertigten immer mehr Seeleute solch kunstvolle Arbeiten, um sie im Hafen zu verkaufen. Das war die Geburtsstunde des Makramee.

Die Marlspieker-Seemannschaft wird auch heute noch praktiziert. Anhänger, die ursprünglich an Messern und Werkzeugen angebracht waren, wurden zu Hals- und Armbändern. Aus den Glockensteerts wurden Griffe, und die Affenfaust (Seite 160), die ursprünglich Wurfleinen beschwerte, sieht man heute häufiger an einem Schlüsselbund baumeln als durch die Luft fliegen.

So lebt die Knotenkunst aus der großen Zeit der Segelschifffahrt weiter.

1 Binden Sie die Leine im Abstand des 12fachen Leinendurchmessers vom Ende ab und schlagen Sie die Kardeele auf. Binden Sie die Enden ab (Konstriktor, Seite 38) oder verschmelzen Sie sie (Seite 251).

2 Legen Sie das mittlere Kardeel über das rechte Kardeel. Der Knoten sollte immer dem Schlag der Leine folgen.

3 Legen Sie das linke Kardeel über das mittlere Kardeel.

4 Führen Sie das rechte Kardeel über das linke Kardeel und …

5 … stecken Sie es unter der stehenden Part des mittleren Kardeels durch.

6 Ziehen Sie die Kardeele durch die Augen und ziehen Sie den Knoten fest.

Wandknoten

Der Wandknoten ist im Prinzip ein umgekehrter Kronenknoten (Seite 198). Beim Kronenknoten werden die Kardeele zur stehenden Part der Leine umgelenkt, beim Wandknoten dagegen zeigen sie weiterhin in ihre ursprünglichen Richtung. Das heißt, der Wandknoten kann in die freie Länge der Leine gemacht und die Leine wiederhergestellt werden. Wand- und Kronenknoten werden oft zu großen Stoppknoten kombiniert.

Bewertung

Stärke
Sicherheit
Schwierigkeit zu binden
Schwierigkeit zu lösen
Praktischer Nutzen

1 Bereiten Sie die Leine wie auf Seite 198, Abb. 1 beschrieben vor oder binden Sie vier (oder nur drei) dünne Leinen mit einem Takling zusammen, wie gezeigt.

2 Führen Sie die Enden rundum im Uhrzeigersinn unter den stehenden Parten der jeweils nebenliegenden Leine durch.

3 Stecken Sie das letzte Ende durch das Auge, das durch die stehende Part des ersten Endes gebildet wird.

4 Ziehen Sie die Lose aus dem Knoten. Es soll sich nun eine Schraubenform gebildet haben, die in dieselbe Richtung wie der Schlag der Leine zeigt.

5 Ziehen Sie den Knoten fest.

Doppelter Wandknoten

Beim doppelten Wandknoten wird jedes Ende durch zwei Augen gesteckt. Der Knoten wird dadurch größer, aber auch etwas instabiler. Darcy Lever schreibt in seinem 1808 erschienenen Werk *The Sheet Anchor*, dass die Schoten der Toppsegel mit einem doppelten Wandknoten als Stopperknoten am Schothorn angeschlagen waren. Was für die Toppsegel gut genug ist, dürfte für fast alle Aufgaben gut sein.

Bewertung

Stärke

Sicherheit

Schwierigkeit zu binden

Schwierigkeit zu lösen

Praktischer Nutzen

1 Bereiten Sie die Leine wie auf Seite 198, Abb. 1 für den Kronenknoten beschrieben vor. Hier wird der Knoten mit vier Parten gezeigt, mit drei Parten geht es genauso.

2 Führen Sie die Enden rundum im Uhrzeigersinn unter den stehenden Parten der jeweils nebenliegenden Leine durch.

3 Führen Sie Enden durch das jeweils im vorhergehenden Schritt geformte Auge ebenfalls durch. Arbeiten Sie nach wie vor im Uhrzeigersinn.

4 Ziehen Sie die Lose aus dem Knoten und vergewissern Sie sich, dass jedes Ende durch zwei Augen führt.

5 Ziehen Sie den Knoten fest.

Diamantknoten

Der Diamantknoten kann zwar nicht funkeln, ist aber mindestens seit dem Jahre 1769 in Gebrauch. Er hat als Grundlage einen alten Seemannsknoten, den Trossenstek (Seite 88), obwohl das nur ein echter Knotenliebhaber erkennen wird. Verwenden Sie den Diamantknoten bei einem Bändsel für ein Messer oder als Stoppknoten am Ende einer Leine.

Bewertung

Stärke

Sicherheit

Schwierigkeit zu binden

Schwierigkeit zu lösen

Praktischer Nutzen

1 Binden Sie die Leine im Abstand des 12fachen Leinendurchmessers vom Ende ab und schlagen Sie die Kardeele auf. Bei traditionellem Tauwerk wie hier müssen auch die Enden der Kardeele mit etwas Takelgarn abgebunden werden.

2 Führen Sie die Kardeele nach unten und bändseln Sie sie an die Leine.

3 Nehmen Sie ein beliebiges Kardeel, führen Sie es über das rechts nebenliegende Kardeel und unter dem nächsten Kardeel durch.

Knoten-Know-how

Diamantknoten und vor allem der Fußpferdknoten (Seite 206) wurden in die Pferde, das sind die Trittleinen unterhalb der Rahen, gebunden, um den Füßen der Matrosen besseren Halt zu geben. Dazu wurde die Leine bis zur Mitte aufgeschlagen, die Knoten in passendem Abstand eingebunden und die Kardeele wieder zusammengedreht. Dasselbe wurde dann von der anderen Seite der Leine gemacht.

5 Entfernen Sie das Bändsel und ziehen Sie den Knoten fest. Arbeiten Sie den Knoten dabei ganz an die Abbindestelle heran.

4 Verfahren Sie mit den anderen Kardeelen genau gleich.

6 Drehen Sie die Kardeele wieder zusammen.

7 Sichern Sie das Ende der Leine mit einem geeigneten Takling (Seiten 246–253).

Doppelter Diamantknoten

Eine Dopplung des Diamantknotens (Seite 202) macht aus einem reinen Gebrauchsknoten einen wesentlich dekorativeren Knoten, der fast wie eine kleine Affenfaust (Seite 160) aussieht. Doch lassen Sie sich nicht in die Irre führen, der doppelte Diamantknoten wurde genauso für praktische Zwecke eingesetzt. Die Britische Admiralität empfahl ihn einst für besseren Halt an der Leine einer Pütz.

Bewertung

Stärke

Sicherheit

Schwierigkeit zu binden

Schwierigkeit zu lösen

Praktischer Nutzen

1 Binden Sie die Leine im Abstand des 12fachen Leinendurchmessers vom Ende ab und schlagen Sie die Kardeele auf. Binden Sie auch die Enden der Kardeele ab.

2 Führen Sie die Kardeele nach unten und bändseln Sie sie an die Leine.

3 Führen Sie jedes der Kardeele über das jeweils rechts nebenliegende Kardeel und unter dem nächsten Kardeel durch.

7 Wiederholen Sie den letzten Schritt mit den anderen Kardeelen, sodass alle Törns im Knoten gedoppelt sind.

8 Drehen Sie die Kardeele wieder zusammen.

9 Sichern Sie das Ende der Leine mit einem geeigneten Takling (Seiten 246–253).

4 Nehmen Sie eines der Kardeele und führen Sie es erneut über und unter durch, sodass es an der Unterseite des Knotens austritt.

5 Wiederholen Sie den letzten Schritt mit den anderen Kardeelen, arbeiten Sie dabei reihum im Uhrzeigersinn.

6 Nehmen Sie eines der Kardeele und führen Sie es noch einmal über und unter durch, sodass es jetzt an der Oberseite des Knotens austritt.

Fußpferdknoten

»Erst eine Krone, dann eine Wand, stich ein nach oben – so ist es bekannt.« Mit diesem Spruch, frei nach Captain Charles W. Smith, hat man bereits eine einprägsame Anleitung für den Fußpferdknoten. Er ähnelt in seiner Struktur dem Diamantknoten (Seite 202), sieht aber etwas besser aus und ist weniger anfällig für Verschleiß. Um ihn zu verdoppeln, führt man die Enden noch einmal durch den Knoten.

Bewertung

Stärke
Sicherheit
Schwierigkeit zu binden
Schwierigkeit zu lösen
Praktischer Nutzen

1 Bereiten Sie die Leine wie auf Seite 198, Abb. 1 beschrieben vor oder binden Sie vier dünne Leinen mit einem Takling zusammen, wie hier gezeigt. Das Prinzip gilt genauso für drei Kardeele.

2 Binden Sie einen Kronenknoten (Seite 198).

3 Stecken Sie jedes der Enden unter dem jeweils linken nebenliegenden Ende durch, um einen Wandknoten (Seite 200) zu binden.

4 Führen Sie jedes der Enden durch das genau darüber liegende Auge.

5 Ziehen Sie die Enden ganz durch und ziehen Sie den Knoten fest. Dann können die Kardeele wieder zusammengedreht (Seite 203, Abb. 6 und 7) oder mehrere Knoten hintereinander in die Leine gemacht werden.

Sternknoten

Alle vorangegangenen Zierknoten hatten eine ähnliche Struktur und waren aufeinander aufgebaut. Der Sternknoten dagegen folgt einem ganz eigenen Muster. Er erinnert während des Bindens zwar an einen Kronenknoten, ist mit diesem aber nicht verwandt. Verwenden Sie ihn für dekorative Bändsel als Knopf- oder Stoppknoten, indem Sie die Enden noch einmal nach unten durchstecken.

Bewertung

Stärke
Sicherheit
Schwierigkeit zu binden
Schwierigkeit zu lösen
Praktischer Nutzen

1 Bereiten Sie die Leine/Leinen vor (Seite 198, Abb. 1). Machen Sie mit jedem Ende ein Unterhandauge und stecken Sie jedes Ende dann durch das rechts daneben liegende Auge.

2 Arbeiten Sie gegen den Uhrzeigersinn reihum.

3 Führen Sie dann jedes Ende im Uhrzeigersinn über das jeweils links nebenliegende Ende.

Knoten-Know-how

Aus dem fertigen Sternknoten in Abbildung 8 kann man einen Knopf machen, indem man einfach jedes Ende durch das unmittelbar links nebenliegende Auge steckt. Legen Sie dabei das Ende parallel zur nebenliegenden Part. Als zusätzliches Extra kann vor dem Durchstecken noch ein Kronenknoten gemacht werden. Das sieht in der Mitte des Sternknotens nicht nur gut aus, es macht den Knoten gleichzeitig auch stabiler.

5 … und nach unten durch das nächstgelegene Auge. Legen Sie dabei das Ende parallel zur nebenliegenden Part.

6 Jetzt sollte sich ein Muster aus doppelten, ineinander greifenden Parten ergeben haben. Die Enden sollten an der Unterseite des Knotens austreten.

4 Stecken Sie jedes der Enden unter sich selbst durch …

7 Drehen Sie den Knoten um und führen Sie die Enden entlang der jeweils nebenliegenden Part nach oben durch.

8 Ziehen Sie die Enden ganz durch und ziehen Sie den Knoten fest. Dann können die Kardeele wieder zusammengedreht (Seite 203, Abb. 6 und 7) oder mehrere Knoten hintereinander in die Leine gemacht werden.

Matthew-Walker-Knoten

Wie sich die Zeiten doch ändern: Vor 100 Jahren war der Matthew-Walker-Knoten noch einer der gebräuchlichsten und wichtigsten Knoten an Bord eines Schiffes. Heute wird er höchstens noch für dekorative Zwecke eingesetzt. Um jedoch einen dauerhaften Stoppknoten in eine Leine zu machen, egal ob für einen Tauwerkschäkel oder für eine Jakobsleiter, bietet der Matthew-Walker-Knoten wesentlich mehr Sicherheit als ein Achtknoten und sieht zudem auch noch besser aus.

Bewertung

Stärke
Sicherheit
Schwierigkeit zu binden
Schwierigkeit zu lösen
Praktischer Nutzen

Früher hieß es, der Matthew-Walker-Knoten sei der einzige nach einer Person benannte Knoten. Dem ist mit Sicherheit heute nicht mehr so, denn allein dieses Buch führt unter anderem den Ashley-Stopperknoten (Seite 152) und die Poldo-Talje (Seite 165) an. Ein weiteres Indiz für Veränderung ist, dass man den Matthew-Walker-Knoten vor 100 Jahren überall einsetzte, angefangen von Fallreepstauen bis hin zu einer Aufholleine für eine Pütz. Der Knoten galt als erste Wahl für einen Stoppknoten, wo heute einfach ein Achtknoten gebunden wird. »Er ist der wichtigste Verdickungsknoten an Bord«, schrieb Ashley in seinem *Buch der Knoten*, und das will schon etwas heißen. Heutzutage finden wir den Matthew-Walker-Knoten allenfalls als dekoratives Beiwerk.

Der Legende nach war Matthew Walker ein Seemann, der zum Tod verurteilt war. Der Richter, selbst ein ehemaliger Seemann, stellte ihm aber eine Begnadigung in Aussicht, wenn es ihm gelinge, einen Knoten zu binden, den er, der Richter, weder lösen noch nachmachen konnte. Der Gefangene bat daraufhin um zehn Faden (18 Meter) Leine, die er bis zur Mitte aufschlug, besagten Knoten band, und die Kardeele wieder zusammendrehte. Er wurde wie versprochen freigelassen und hatte sich einen Platz in der Knotenfolklore verdient.

1 Bereiten Sie die Leine oder Leinen vor (Seite 198, Abb. 1). Binden Sie einen Wandknoten (Seite 200), indem Sie jedes Ende unter dem rechts nebenliegenden Ende durchführen.

3 Nehmen Sie ein beliebiges Ende und stecken Sie es von unten durch das Auge zu seiner Rechten. Legen Sie das Ende dabei oberhalb der Part entlang, die bereits durch das Auge führt.

2 Arbeiten Sie gegen den Uhrzeigersinn, um ein schraubenförmiges Muster zu erhalten.

4 Führen Sie den letzten Arbeitsschritt mit jedem Ende gleichermaßen aus und gehen Sie dabei in Richtung gegen den Uhrzeigersinn vor.

5 Richten Sie die Enden so aus, dass sie an der Oberseite des Knotens austreten.

6 Ziehen Sie den Knoten fest. Dann können die Kardeele wieder zusammengedreht (Seite 203, Abb. 6 und 7) oder mehrere Knoten hintereinander in die Leine gemacht werden.

Doppelter M.-Walker-Knoten

Bewertung

Stärke	
Sicherheit	
Schwierigkeit zu binden	
Schwierigkeit zu lösen	
Praktischer Nutzen	

Noch mehr als der einfache Matthew-Walker-Knoten galt die doppelte Version dieses Knotens als Standardlösung für einen Stoppknoten an Bord eines Schiffs. Es lohnt sich, auch den doppelten Matthew-Walker-Knoten zu beherrschen, und sei es nur der Abwechslung zuliebe. Auch die Art, ihn zu binden, ist zunächst ungewöhnlich, kann aber auch bei der einfachen Version angewendet werden.

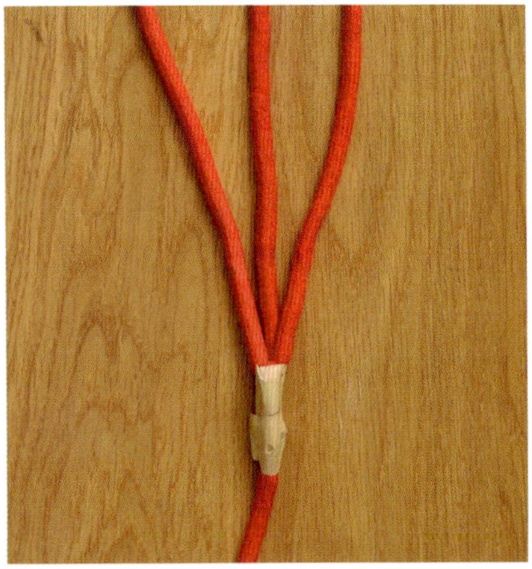

1 Bereiten Sie die Leine wie auf Seite 198, Abb. 1 gezeigt vor oder binden Sie drei oder vier dünne Leinen mit einem Takling zusammen, wie hier gezeigt.

2 Nehmen Sie ein beliebiges Ende und führen Sie es um die Leine herum und unter seiner eigenen stehenden Part durch.

3 Machen Sie genau das Gleiche mit dem Ende, das am Takling unmittelbar rechts vom ersten Ende liegt. Führen sie es durch beide Augen.

4 Verfahren Sie ebenso mit dem dritten Ende und stecken Sie es abschließend durch alle drei Augen.

5 Richten Sie die Enden so aus, dass sie an der Oberseite des Knotens austreten.

6 Ziehen Sie den Knoten fest. Bei Kardeelen können diese wieder zusammengedreht (Seite 203, Abb. 6 und 7) oder mehrere Knoten hintereinander in die Leine gemacht werden.

Matthew-Walker-Schlaufe

Genau genommen müsste dieser Knoten in Kapitel 4 stehen, aber wir haben hier ein paar dekorative Schlaufenknoten mit aufgenommen. Etwas verwirrend ist auch, dass dieser Knoten gar nichts mit dem Matthew-Walker-Knoten gemein hat, denn nur mit viel gutem Willen lässt sich eine Ähnlichkeit beim fertigen Knoten erkennen. Aber er eignet sich gut für eine einfache Schlaufe am Anfang einer Bändselleine.

Bewertung

- Stärke
- Sicherheit
- Schwierigkeit zu binden
- Schwierigkeit zu lösen
- Praktischer Nutzen

1 Machen Sie einen Überhandknoten (Seite 148) in die Leine.

2 Führen Sie das lose Ende durch den Knoten, um eine Bucht zu bilden.

3 Führen Sie das lose Ende um die Bucht herum.

4 Führen Sie das lose Ende unter das mittlere Oval und stecken Sie es von unten nach oben durch das anfangs gemachte Auge.

5 Ziehen Sie den Knoten fest.

Taljereepsknoten

Bändselknoten hatten an Bord ursprünglich zwei Funktionen: zunächst eine rein praktische, dann aber dienten sie zunehmend auch dekorativen Zwecken. Heute kann der Taljereepsknoten zusammen mit anderen Knoten einen Anhänger für Handy oder iPod bilden, aber auch als Griff in einem Handlauf einer Treppe dienen oder bei so gut wie jeder Leine eingesetzt werden, die einen Handgriff erfordert.

Bewertung

- Stärke
- Sicherheit
- Schwierigkeit zu binden
- Schwierigkeit zu lösen
- Praktischer Nutzen

Viele unserer alltäglich genutzten Dinge haben ihren Ursprung in der Schifffahrt oder in den Gebräuchen der Seeleute. So sind viele Gegenstände heutzutage mit einer Schlaufe als Anhänger versehen, ob es eine Kamera, ein Handy, ein iPod, eine Ausweiskarte oder ein Schlüsselring ist. Solche Anhänger waren früher das Steckenpferd der Matrosen. Zwar haben sie sie nicht erfunden, Schlaufen an einen Gegenstand wurden sicherlich auch schon vorher gemacht, doch wurden sie nirgends so kunstvoll verziert und gebunden wie auf See. Dort dienten sie dazu, Messer oder Werkzeuge am Mann zu sichern, sodass der Seemann seine Hände frei hatte, um in die Takelage aufzuentern, und gleichzeitig die Kameraden vor herabfallenden spitzen Gegenständen zu schützen. Monatelang waren diese Seemänner ohne Unterbrechung an Bord und entwickelten bald immer kompliziertere Knoten und Knüpftechniken, wie sie teilweise auch in diesem Buch gezeigt werden.

An Land entdeckte man ebenfalls ihren praktischen Nutzen und sicherte ein Schwert, eine Pistole oder eine Alarmpfeife mit einem geknoteten Anhänger. Später erhielten diese Anhänger mehr symbolischen Charakter und führten zu den Kordeln, den so genannten Achsel- oder Schulterschnüren, bei militärischen Uniformen.

Der Name des hier gezeigten Knotens bezieht sich aber auf eine ganz spezielle Leine an Bord eines Segelschiffs, nämlich das Taljereep. Mit dem Taljereep wurden die Wanten mit dem Rumpf verbunden, bevor man Wantenspanner mit Gewinde dazu verwendete.

Die Wanten hatten an ihrem unteren Ende eine runde Holzkausch mit mehreren Bohrungen, die Wantjungfer. Etwas tiefer darunter war die Rüstjungfer, die mit dem Rumpf verbunden war. Das Taljereep wurde mehrfach durch die Jungfern geschoren, um die Wanten steifzusetzen, und hatte an seinem Anfang immer einen Stoppknoten als Anschlag an der Innenseite der Wantjungfer – eben den Taljereepsknoten. Er musste absolut zuverlässig halten, denn an ihm hing schließlich das gesamte Rigg. Der Taljereepsknoten ist ein Paradebeispiel, wie gut sich praktischer und dekorativer Nutzen in einem Knoten vereinen lassen.

1 Dieser Knoten ist gedacht für vierschäftiges Tauwerk oder für vier dünne Leinen, die mit einem Takling zusammengehalten werden. (Für dreischäftiges Tauwerk s. Seite 198, Abb. 1.)

2 Binden Sie einen Wandknoten (Seite 200), indem Sie jedes Ende unter der stehenden Part des unmittelbar rechts nebenliegenden Endes durchführen.

3 Verfahren Sie mit jedem Ende genau gleich und arbeiten Sie dabei gegen den Uhrzeigersinn.

4 Stecken Sie jedes der Enden durch das Auge zu seiner Rechten, sodass es neben der stehenden Part des nächstgelegenen Endes wieder herauskommt.

5 Richten Sie die Enden so aus, dass sie an der Oberseite des Knotens austreten.

6 Ziehen Sie den Knoten fest. Bei Kardeelen können diese wieder zusammengedreht (Seite 203, Abb. 6 und 7) oder mehrere Knoten hintereinander in die Leine gemacht werden.

Chinesischer Taljereepsknoten

Wer die Einfachheit der Matthew-Walker-Schlaufe (Seite 213) eher enttäuschend fand, der könnte am Chinesischen Taljereepsknoten, auch Plafond-Knoten genannt, Gefallen finden. Doch erscheint dieser Knoten auf dem Papier komplizierter, als er in Wirklichkeit ist. Verwenden Sie ihn für ein Messerbändsel, als einzelnen Schlaufenknoten oder in einer Reihe von Zierknoten.

Bewertung

Stärke

Sicherheit

Schwierigkeit zu binden

Schwierigkeit zu lösen

Praktischer Nutzen

1 Formen Sie in der Mitte der Leine eine Bucht. Führen Sie die Leine durch den Ring, falls gewünscht. Binden Sie zwei Überhandknoten (Seite 148) wie gezeigt.

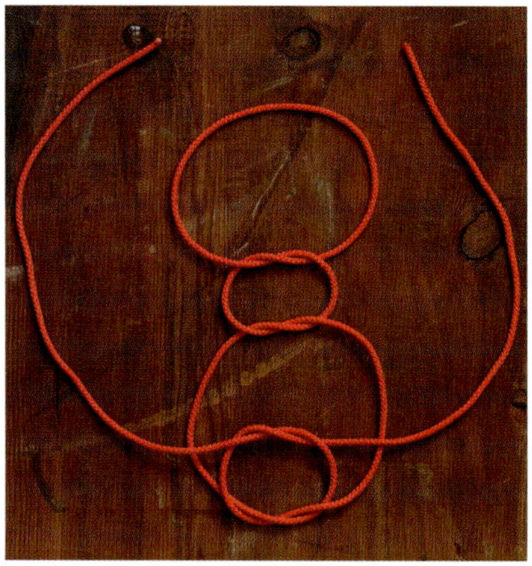

2 Binden Sie mit etwas Abstand zwei weitere Überhandknoten und klappen Sie das untere Auge in das darüber liegende Auge.

3 Klappen Sie die beiden oberen Augen nach unten und stecken Sie eine Bucht wie gezeigt durch den unteren Knoten.

4 Führen Sie eines der Enden durch den oberen Knoten.

5 Führen Sie das andere Ende ebenso durch den oberen Knoten.

6 Ziehen Sie die Lose aus dem Knoten und vergewissern Sie sich, dass die Enden gleich lang sind.

7 Ziehen Sie den Knoten von der Schlaufe her fest. Die Enden können mit einem geeigneten Verbindungsknoten aus Kapitel 3 zusammengeknotet werden.

Knoten-Know-how

Zierknoten haben in China eine tausende Jahre alte Tradition. Dabei symbolisieren bestimmte Knoten Glück, Erfolg oder ein langes Leben. Die Knotenkunst erlebte ihren Höhepunkt während der Qing-Dynastie, 1644–1911, wurde dann während der Kulturrevolution fast ausgelöscht und erfreut sich heute wieder großer Beliebtheit.

Japanische Schlaufe

Bewertung

- Stärke
- Sicherheit
- Schwierigkeit zu binden
- Schwierigkeit zu lösen
- Praktischer Nutzen

Auch in Japan gibt es eine viele Jahrhunderte alte Tradition des Knotenbindens. Bei uns kennt man davon in erster Linie die Kunst des Bondage, »Shibari« oder »Kinbaku«, doch dienen japanische Knoten auch ganz unschuldigen Zwecken. Dieser Doppelschlaufenknoten kann für eine Halskette oder einen Anhänger verwendet werden, Shibari-Begeisterte werden allerdings einen Handschellenknoten darin erkennen.

1 Machen Sie wie gezeigt ein Auge in die Mitte der Leine. Um ein Messer anzubinden, schieben Sie die Befestigungsöse in das Auge.

2 Legen Sie das linke Ende über das Auge und das rechte Ende unter das Auge.

3 Überkreuzen Sie mit dem rechten Ende das linke Ende.

4 Führen Sie das nunmehr links liegende Ende unter dem Auge durch und über die untere Part. Machen Sie das Gleiche mit dem anderen Ende, führen Sie es über das Auge und unter der unteren Part durch.

5 Ziehen Sie den Knoten fest, indem Sie die Schlaufen des anfänglich gemachten Auges zu den Seiten hin aufziehen und an den beiden Enden anziehen.

Chinesische Kronenschlaufe

Dieser schöne Fernost-Import basiert auf dem beliebten chinesischen Kronenknoten. Seeleute schmückten damit Werkzeuge oder Waffen und an Land wurde die chinesische Kronenschlaufe schnell Bestandteil der Kunstform Makramee. Heute sieht man den Knoten an den unterschiedlichsten Gegenständen, von den Waffen fernöstlicher Kampfsportarten bis hin zu einer Aufhängung für Laternen.

Bewertung

Stärke
Sicherheit
Schwierigkeit zu binden
Schwierigkeit zu lösen
Praktischer Nutzen

1 Machen Sie wie gezeigt ein Auge in die Mitte der Leine. Um ein Messer anzubinden, schieben Sie die Befestigungsöse in das Auge.

2 Ziehen Sie eine Bucht aus dem linken Ende und legen Sie sie unter das rechte Ende.

3 Führen Sie das rechte Ende unter dem linken Ende durch, dann von unten nach oben durch das Auge und von oben nach unten durch die Bucht.

4 Ziehen Sie den Knoten sehr vorsichtig fest, damit er seine Form beibehält.

Glücksknoten

Im Rigg eines Segelschiffs wird dieser Knoten wohl kaum zu finden gewesen sein, vielmehr unter Deck in den Unterkünften der Mannschaft. Dort fertigten die Matrosen kunstvolle Knotenarbeiten, nicht nur zum Schmuck ihrer eigenen Umgebung, sondern auch, um sie später an Land zu verkaufen. Durch seine großen Schlaufen eignet sich der Glücksknoten eher als Wandschmuck als zum Bändselknoten.

Bewertung

Stärke
Sicherheit
Schwierigkeit zu binden
Schwierigkeit zu lösen
Praktischer Nutzen

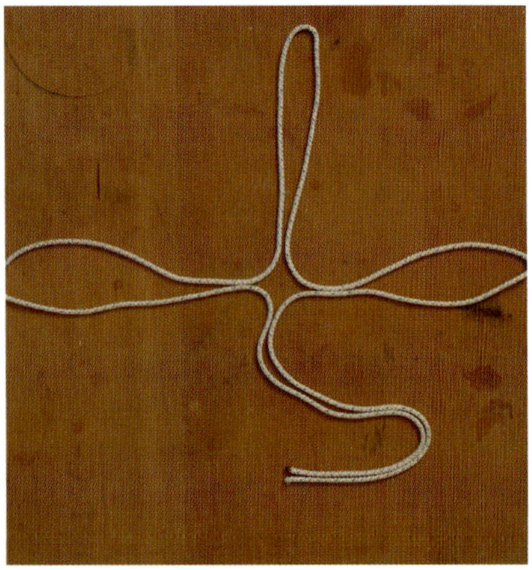

1 Nehmen Sie die Leine in ihrer gesamten Länge doppelt, legen Sie eine Bucht nach oben und ziehen Sie zwei Buchten zu den Seiten auf, sodass sich die Form eines Kreuzes ergibt.

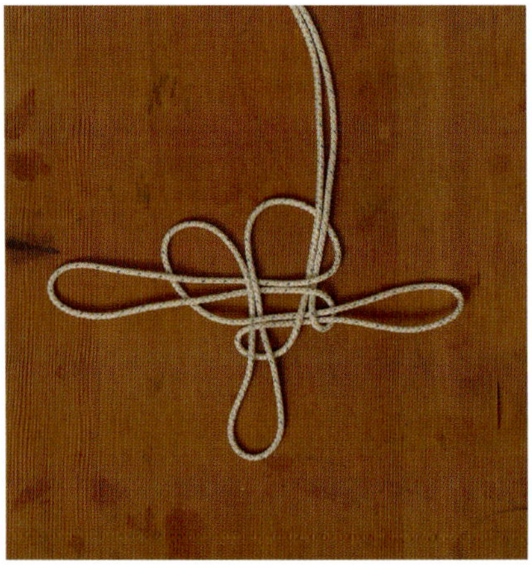

2 Führen Sie die stehenden Parten über die rechte Bucht, die rechte über die obere Bucht und die obere über die linke. Stecken Sie die linke Bucht durch das erste Auge.

3 Die entstandene Krone (Seite 198) zeigt gegen den Uhrzeigersinn. Ziehen Sie die Krone zu und achten darauf, dass die doppelten Parten parallel liegen.

4 Binden Sie eine weitere Krone, diesmal aber im Uhrzeigersinn. Legen Sie die Buchten und Parten entsprechend wie oben beschrieben. Stecken Sie die letzte Bucht durch das Auge der ersten Bucht.

5 Ziehen Sie den Knoten fest und richten Sie die drei Schlaufen in die gewünschte Größe. Der Glücksknoten kann so verwendet werden oder …

Knoten-Know-how

Seinen Namen verdankt dieser Knoten Lydia Chen, die ihn 1981 erstmals in ihrem Buch *Chinese Knotting* als Glücksknoten bezeichnet hat. Ashley spricht noch von »einem Knoten mit vier Schlaufen und einer doppelten, viereckigen Krone«. In Japan wird er dagegen als Chrysanthemenknoten bezeichnet. Es gibt Dutzende Varianten mit unterschiedlich vielen Schlaufen oder, bildlich gesprochen, Blätter- und Blumenformen.

6 … man zieht eine weitere Lage Schlaufen (oder Blütenblätter) aus den Törns in den Ecken des Knotens heraus. Ziehen Sie ihn dann an seinen stehenden Parten fest.

Mystischer Knoten

Dieser Knoten ist eines der acht Glückssymbole des Buddhismus und spiegelt die Unendlichkeit der Erkenntnis Buddhas wieder. Er steht auch für den endlosen Kreislauf von Geburt und Wiedergeburt und für den Glauben, dass es weder Anfang noch Ende gibt. Er wird Sie beim Binden auch nahezu endlos im Kreis herumführen, also stoppen Sie rechtzeitig vor Erreichen des Nirvana.

Bewertung

Stärke	
Sicherheit	
Schwierigkeit zu binden	
Schwierigkeit zu lösen	
Praktischer Nutzen	

1 Legen Sie zwei Buchten wie gezeigt in die Mitte der Leine. Stecknadeln oder Stahlstifte können verwendet werden, um die Leine zu fixieren.

2 Führen Sie nun eine waagerechte Bucht aus dem rechten Ende unter der ersten Part durch, dann über die zweite Part, und nochmal unter und dann wieder über.

3 Führen Sie eine zweite waagerechte Bucht genau gleich wie die erste durch die senkrechten Buchten. Die gelbe Leine zeigt den Verlauf der neuen Durchstiche.

5 Führen Sie das linke Ende durch das obere rechte Auge, unter den Buchten zurück und über die Buchten zum unteren rechten Auge. Stecken Sie es durch und führen Sie es unter den Buchten wieder zurück.

6 Stecken Sie das Ende nun durch das untere, linke Auge, dann über drei Parten, unter einer Part und über drei Parten durch. Zurück geht es unter zwei, über eine, unter drei und über eine Part.

7 Wiederholen Sie die letzten Durchstiche und legen Sie eine gleiche, zweite, senkrechte Bucht innerhalb der anfangs mittigen zwei Parten. Wieder können Stecknadeln zum Fixieren verwendet werden.

4 Liegt der Knoten ausreichend stabil, können die Stecknadeln jetzt entfernt werden.

8 Arbeiten Sie die Lose aus dem Knoten und ziehen Sie ihn von den stehenden Parten aus zu.

9 Die Lose kann auch nach oben hinausgezogen werden, um eine Schlaufe an der Oberseite zu bilden. Genauso können auch Schlaufen an den anderen Ecken gebildet werden.

Der Mystische Knoten ist auch in dieser erweiterten Form stabiler als der Glücksknoten (Seite 220).

Platting, mit drei Strängen geflochten

Plattings sind geflochtene Leinen. Sie können aus zwei oder mehr Parten bestehen und auf die unterschiedlichste Art gebunden werden. Plattings sind seit tausenden Jahren in Polynesien in Gebrauch und wurden später auch auf den großen Rahseglern, genauso wie auf Fischerbooten, wegen ihrer Abriebfestigkeit verwendet. Heute dienen sie hauptsächlich als Fancywork, um Bändselschnüre, Glockensteerte, Halsbänder oder Schlüsselanhänger herzustellen.

Bewertung

Stärke

Sicherheit

Schwierigkeit zu binden

Schwierigkeit zu lösen

Praktischer Nutzen

Wie fängt man einen Hai? Sollte Ihnen jemals auf Ihrem Südseetörn das Essen ausgehen, nehmen Sie etwas Kokosseil und flechten Sie es zu einer zwei- oder dreipartigen Platting. Legen Sie damit eine Schlinge aus und klappern Sie unter Wasser mit einer Rassel aus alten Kokosnussschalen, um den Hai anzulocken. Sobald ein Hai auftaucht, locken Sie ihn mit einem Köder in die Schlinge. Ziehen Sie die Schlinge zu und binden Sie sie seitlich an der Bordwand fest, bis der Hai erschöpft ist. Schlagen Sie ihn tot, schneiden Sie ihn in Stücke und servieren Sie ihn mit einem Glas frischer, samoanischer Kava.

Das ist eine durchaus wahrheitsgemäße Beschreibung des traditionellen Haifangs in Samoa und deutet auf die beeindruckende Stärke von Plattings hin. Sie wurden im gesamten pazifischen Raum für viele Anwendungen eingesetzt, wie beim Hausbau, dem Bau der Boote sowie für Schmuckgegenstände.

Auf der Nordhalbkugel verwendeten Seeleute Plattings für Signalleinen, Reffbändsel und Netzleinen. Da sie nicht gedreht sind, können sie sich nicht aufschlagen, und sie sind auch abriebfester als geschlagene Leinen.

Plattings können flach geflochten sein (Seiten 224–226), eine Kette bilden (Seite 183) oder als Kronenplatting (Seite 228) einen runden oder rechteckigen Querschnitt haben.

1 Binden Sie vier Leinen mit einem Takling zusammen. Eine Part wird den Trägerstrang bilden und die anderen Parten die Arbeitsstränge.

2 Führen Sie den rechten Strang unter dem links nebenliegenden, dann über dem nächsten (dem Träger) und unter dem letzten durch.

6 ... und ein rechter Strang geht unter und über.

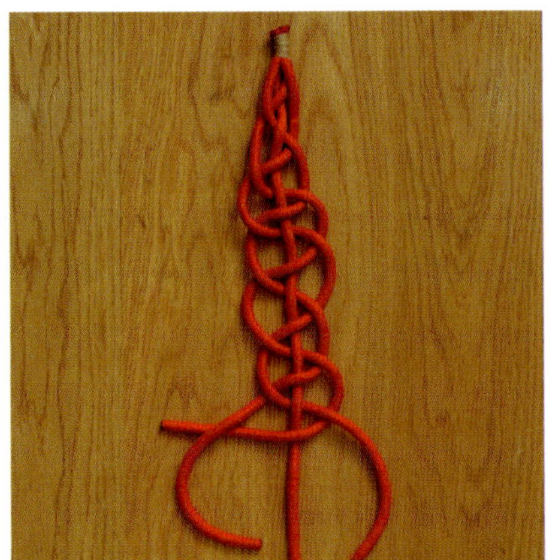

7 Der linke über ...

3 Führen Sie den zuvor linken Strang unter dem Trägerstrang durch, dann den rechten Strang unter und über und den linken über und unter durch.

4 Fahren Sie so abwechselnd von Seite zu Seite fort. Der rechte Strang wird unter und über und der linke über und unter durchgeführt.

5 Ein linker Strang geht über und unter ...

8 ... und unter. Der nächste rechte Strang geht unter ...

9 ... und dann über. Wenn die Enden der Leinen erreicht sind, zieht man den Knoten fest. Überstehende Enden können abgeschnitten werden.

Knoten-Know-how

»Eine typische samoanische Haischlinge besteht aus einer ca. 20 mm starken Platting und ist knapp sieben Meter lang. Die ersten eineinhalb Meter vom Auge sind umwickelt. An einem Ende ist die Schlinge und das andere Ende teilt sich in zwei Parten, um am hinteren Ausleger des Kanus befestigt zu werden.« Nach einer Beschreibung des Arztes und Anthropologen Te Rangi Hiroa, auch bekannt als Sir Peter H. Buck.

Platting mit zwei Strängen

Vielleicht sollten Sie vor der Platting mit drei Strängen (Seite 224) diese einfachere Version mit zwei Strängen probieren. Sie ähnelt mehr einer Umwicklung als einer Flechtung, kann aber ebenso gut verwendet werden. Der äußere Arbeits- oder Füllstrang sollte mindestens sechsmal so lang sein wie die beiden Trägerstränge. Er erhöht zwar kaum die Reißfestigkeit der Platting, schützt aber die Trägerstränge vor Abrieb.

Bewertung	
Stärke	5
Sicherheit	5
Schwierigkeit zu binden	3
Schwierigkeit zu lösen	4
Praktischer Nutzen	4

1 Binden Sie drei Leinen mit einem Takling am Ende zusammen. Zwei Leinen bilden die Trägerstränge und eine längere Leine ist der Füllstrang.

2 Weben Sie den Füllstrang von Seite zu Seite immer durch die Mitte der Trägerstränge.

3 Ziehen Sie die Wicklungen immer wieder fest und eng aneinander.

4 Fahren Sie mit der Flechtung fort, bis …

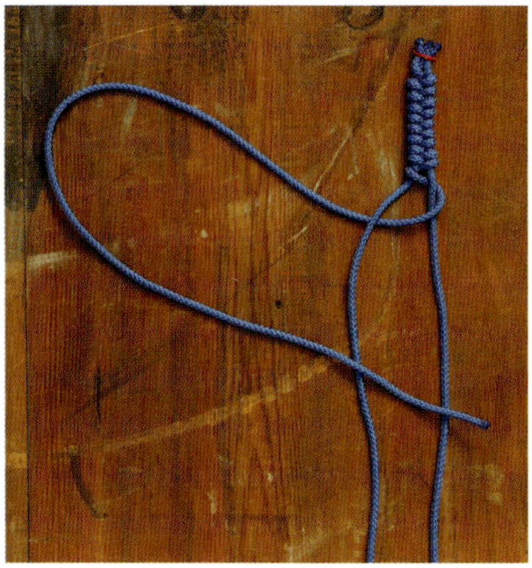

5 … die Trägerstränge vollständig umwickelt sind.

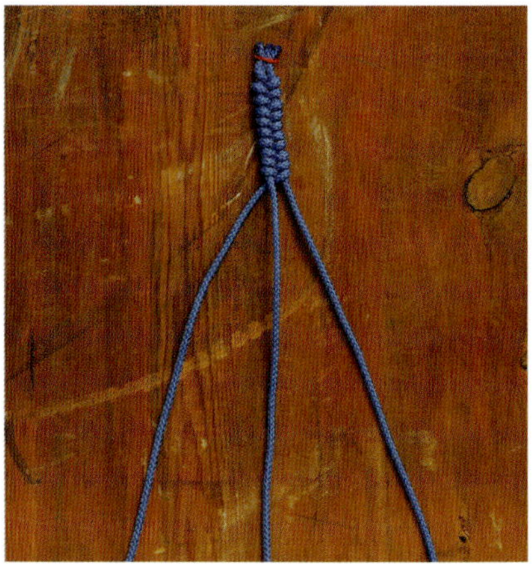

6 Schließen Sie die Platting mit einem Takling (Kapitel 9) ab.

Kronenplatting

Diese Platting kennt man vielleicht noch aus Kindertagen, als mit Bändern meist Anhänger oder Armbänder geflochten wurden. Doch auch die Kronenplatting hat ihren Ursprung in der Seefahrt. An Bord wurde sie für zahlreiche Aufgaben eingesetzt, unter anderem auch für Glockensteerte. Grundlage ist der Kronenknoten (Seite 198), der dafür sorgt, dass sich diese Platting kaum von alleine auftrennen kann.

Bewertung

- Stärke
- Sicherheit
- Schwierigkeit zu binden
- Schwierigkeit zu lösen
- Praktischer Nutzen

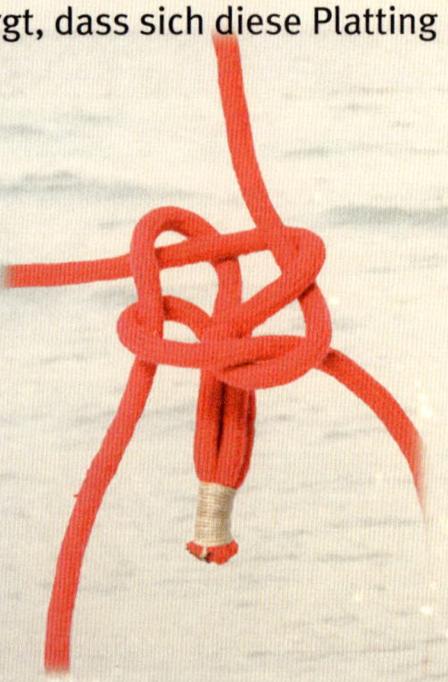

1 Binden Sie einen Kronenknoten (Seite 198), indem Sie jedes Ende über die stehende Part des nebenliegenden Endes führen.

2 Ziehen Sie den Knoten fest.

3 Binden Sie den nächsten Kronenknoten, indem Sie erneut jedes Ende über die stehende Part des nebenliegenden Endes führen.

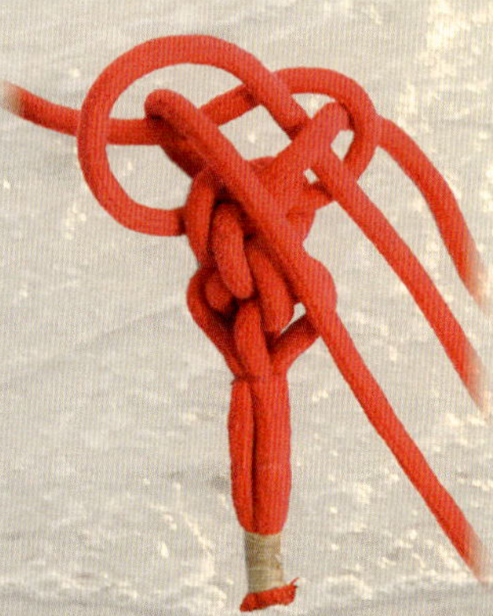

4 Binden Sie einen Kronenknoten nach dem anderen und ziehen Sie jeden Knoten gut fest.

5 Achten Sie auf eine gerade Form der Platting und vermeiden Sie Verdrehungen.

6 Ziehen Sie den letzten Kronenknoten fest und schließen Sie die Platting mit einem Takling (Kapitel 9) ab.

Türkischer Bund, rund, 3 Führungen, 4 Buchten

Bewertung

- Stärke
- Sicherheit
- Schwierigkeit zu binden
- Schwierigkeit zu lösen
- Praktischer Nutzen

Früher sollte der Türkische Bund den Füßen der Matrosen besseren Halt beim Segelreffen bieten, heute ziert er alles Mögliche von Eheringen bis hin zu Angelruten. Lernen Sie diese einfache Ausführung und es wird sich Ihnen eine ganze Welt an Führungen und Buchten auftun.

Es erscheint fast ungerecht, den Türkischen Bund als Zierknoten abzutun, hatte er früher doch so viele praktische Anwendungen. An Bord der Rahsegler diente er als Halt für Hände und Füße an Leinen und Handläufen sowie als Schamfilschutz an Spieren und Reling. Einen mehr dekorativen Zweck erfüllte er am Ende einer Leine anstelle eines Taklings, an Riemen oder Bootshaken, an Glockensteerten, Seekistenhandgriffen, Peitschen, Bändseln, Fernrohren oder an der Pinne und noch vielem, vielem mehr.

Heute sind Wanten und Stage aus Edelstahl-Drahtseilen, die kaum unter Abrieb leiden, und aus dem Türkischen Bund ist meist ein reiner Schmuckknoten geworden. Eine der wenigen verbliebenen praktischen Anwendungen ist, ihn als Markierung am Steuerrad zu machen, um die exakte Mittelstellung des Ruders zu erkennen.

In der Kunst taucht der Türkische Bund schon bei den Kelten auf, und wir finden ihn in Zeichnungen Leonardo da Vincis aus dem 15. Jahrhundert. Doch als »türkisch« wurde der Knoten erst ab dem Jahre 1808 bezeichnet, nachdem Darcy Lever in seinem Buch *The Sheet Anchor* schrieb, dass dieser Bund wie ein Turban aussehe. Zu dieser Zeit wurde jeder, der einen Turban trug, als Türke bezeichnet, egal ob er Hindu, Moslem oder Sikh war.

»Türkischer Bund« ist ein Oberbegriff für eine Vielzahl unterschiedlicher Varianten dieses Knotens, der durch seine Anzahl an Führungen und Buchten genauer spezifiziert wird. Die Führungen sind die Stränge, die die Flechtung bilden, also die Zahl der unterschiedlich gelegten Törns um den Gegenstand. Die Buchten sind die Segmente oder Bögen, die den Rand bilden. Somit besteht der Türkischen Bund auf dieser Seite aus drei Führungen und vier Buchten oder in Kurzform 3Fx4B. Ob die Buchten des Knotens aus doppelt, drei- oder vierfach nebeneinander gelegten Parten bestehen, ist in dieser Beschreibung nicht ausgedrückt.

1 Legen Sie einen Törn um die Stange und führen Sie das kurze Ende über die stehende Part. Führen Sie das lange Ende ebenfalls um die Stange herum, über das kurze Ende und dann unter sich selbst durch.

2 Ziehen Sie das lange Ende vorsichtig fest, sodass es das kurze Ende bekneift.

3 Drehen Sie den Knoten zu den Törns auf der Rückseite um.

4 Ziehen Sie eine Bucht aus dem oberen Törn unter dem unteren Törn durch.

5 Stecken Sie das lange Ende durch diese Bucht.

6 Führen Sie das Ende über die nächste Bucht und unter der wiederum nächsten Bucht durch, sodass es neben dem kurzen Ende liegt.

7 Der Bund hat jetzt seine fertige Flechtung, nämlich drei Führungen und vier Buchten. Jetzt können die Parten gedoppelt werden.

8 Die Parten sind hier rundum gedoppelt und das Ende wird nun ein drittes Mal durch den gesamten Bund geführt.

9 Wenn alle Buchten aus drei Parten bestehen, zieht man die Lose aus dem Knoten (das kann durchaus einige Zeit beanspruchen) und schneidet die Enden bündig ab.

Türkischer Bund, rund, 4 Führungen, 3 Buchten

Bewertung

Stärke	
Sicherheit	
Schwierigkeit zu binden	
Schwierigkeit zu lösen	
Praktischer Nutzen	

Die Form eines Türkischen Bundes wird durch die Anzahl an Führungen und Buchten bestimmt. Je mehr Führungen, umso breiter wird der Knoten und je mehr Buchten, umso dichter ist die Flechtung. So gibt es für jede Verwendung einen passenden Türkischen Bund.

1 Binden Sie einen Überhandknoten so um die Stange oder Spiere, dass das lose Ende auf der rechten Seite liegt.

2 Ziehen Sie den Knoten etwas auf, sodass zwei Buchten entstehen.

3 Führen Sie das lose Ende um die Stange herum, dann von rechts nach links unter und über die Buchten.

4 Führen Sie das lose Ende erneut um die Stange herum und von links nach rechts unter sich selbst zurück durch.

5 Wechseln Sie nochmal die Richtung und führen Sie das lose Ende über und unter den nebenliegenden Parten durch.

6 Führen Sie das Ende um die Stange herum und erneut über und darunter durch, sodass es neben der stehenden Part herauskommt.

7 Folgen Sie mit dem Ende durch den gesamten Knoten und achten Sie darauf, dass die Parten immer parallel zueinander liegen. Ziehen Sie den Knoten fest und schneiden Sie die Enden bündig ab.

Knoten-Know-how

Wie wählt man die passende Anzahl an Führungen und Buchten? Ashley zufolge kann man Türkische Bunde mit jeder Kombination binden, solange die Anzahl der Führungen und die Anzahl der Buchten nicht durch dieselbe Zahl teilbar sind. Die höhere Zahl sollte also eine Primzahl sein und die kleinere Zahl kann beliebig gewählt werden.

Türkischer Bund, flach, 3 Führungen, 5 Buchten

Zieht man einen Türkischen Bund von dem Gegenstand ab, um den er gemacht wurde, so kann man ihn in einer Ebene ausrichten und eine Matte bilden. Solche Matten schützten einst das Deck vor schlagenden Blöcken, heute dienen sie als Fußmatte und sogar als Untersetzer.

Bewertung

Stärke
Sicherheit
Schwierigkeit zu binden
Schwierigkeit zu lösen
Praktischer Nutzen

1 Machen Sie ein Unterhandauge in die stehende Part und führen Sie das lose Ende durch das Auge.

2 Führen Sie das lose Ende über die stehende Part und die stehende Part über das Auge.

3 Ziehen Sie das lose Ende dicht, lassen Sie aber eine Bucht, die das anfangs gemachte Auge überlappt.

5 Flechten Sie das lose Ende über, unter, über, sodass es aus der oberen, rechten Bucht herauskommt.

6 Führen Sie das lose Ende unter der nächsten Part durch, sodass es neben der stehenden Part herauskommt.

7 Führen Sie das Ende durch den gesamten Knoten, um die Parten zu verdoppeln. Achten Sie darauf, dass die Parten parallel liegen.

4 Stecken Sie das lose Ende durch die obere, linke Bucht (die Oberseite des anfangs gemachten Auges).

8 Beim Verdoppeln wird der Knoten automatisch dichter und es muss weniger Lose herausgearbeitet werden.

9 Die letzte Lose wird von den Enden her herausgezogen, die dann bündig abgeschnitten und unter den Buchten versteckt werden oder zum Anbinden des Bundes länger gelassen werden können.

Türkischer Bund, flach, 5 Führungen, 4 Buchten

Bewertung

Stärke
Sicherheit
Schwierigkeit zu binden
Schwierigkeit zu lösen
Praktischer Nutzen

Genau wie bei den rund geflochtenen Türkischen Bunden (Seiten 230–233) kann man auch die flachen Varianten in verschiedenen Größen und Formen machen, abhängig von der Anzahl der Führungen und Buchten.

1 Machen Sie ein Auge unterhand und führen Sie das lose Ende durch das Auge und unter sich selbst durch.

2 Führen Sie das andere Ende von links nach rechts durch die beiden entstandenen Augen und zwar unter, über, unter und über die Parten.

3 Führen Sie das Ende über sich selbst zurück und dann durch die anfangs gebildeten Augen, diesmal über, unter, über …

4 … und unter die Parten und danach über sich selbst.

5 Führen Sie das Ende herum und unten durch, sodass es neben der stehenden Part herauskommt.

6 Führen Sie das Ende ein zweites Mal komplett durch den Knoten und achten Sie darauf, dass die Parten sauber parallel liegen. Schneiden Sie die Enden bündig ab und verstecken Sie sie unter den Buchten.

Ovale Matte

Wer die Ozeanmatte bereits gemeistert hat und eine neue Herausforderung sucht, kann seine Knotenfertigkeit an der Ovalen Matte testen. Dabei ist es hilfreich, die Parten mit Stecknadeln auf einem Untergrund wie einem Stück Styropor oder Sperrholz zu fixieren. Verwenden Sie eine dünne Leine, um einen Untersetzer herzustellen, oder stärkeres Tauwerk für eine schiffige Decks- oder Türmatte.

Bewertung

Stärke

Sicherheit

Schwierigkeit zu binden

Schwierigkeit zu lösen

Praktischer Nutzen

1 Machen Sie drei Überhandaugen in das Ende der Leine (die stehende Part ist hier rechts).

2 Schieben Sie das rechte Auge über und das linke Auge unter das mittlere Auge.

3 Ziehen Sie eine Bucht aus dem linken Auge über das rechte Auge, sodass die Augen wie gezeigt überlappt werden.

4 Führen Sie das lose Ende von links nach rechts über und unter, dann zweimal über, wieder unter und schließlich über die Parten durch.

5 Führen Sie das Ende von rechts nach links wieder zurück, diesmal immer abwechselnd über und unter den Parten durch.

6 Führen Sie das Ende ein drittes Mal durch die Parten, diesmal über, unter, über, unter, dann über sich selbst und wieder unter, über, unter und über.

7 Ziehen Sie die Lose heraus, belassen Sie aber eine Bucht an der Seite.

8 Die Flechtung ist jetzt komplett und es bleibt nur noch, die Parten beliebig oft zu doppeln.

9 Arbeiten Sie die Lose aus der Matte, das kann genauso lange oder länger dauern als das eigentliche Binden. Schneiden Sie dann die Enden bündig ab und verstecken Sie sie unter den Buchten.

Ozeanmatte

Für den Segler gibt es nur eines, das schlimmer ist als zu viel Wind – zu wenig Wind! Auch das Rigg eines Segelschiffs, das bekalmt in den Doldrums von einer Seite auf die andere rollt, arbeitet schwer, ächzt und knarzt. Überall schamfilt und scheuert es – was kann in dieser Eintönigkeit sinnvoller sein, als ein paar Matten herzustellen, um das Holz an der einen oder anderen Stelle vor dem Abrieb zu schützen.

Anfangs wurden die verschiedensten Knoten zu Matten erweitert. Der Trossenstek z. B. kann beliebig weit vergrößert werden und ergibt eine ansehnliche, rechteckige Matte. Auch der Türkische Bund, der normalerweise um Rundhölzer gemacht wurde, kann flach zu einer runden Matte (Seiten 234–237) werden. Andere, wie der Verlängerungsknoten und die Ozeanmatte, können ausschließlich flach gebunden werden. Matten kann man in jeder beliebigen Größe machen. Dabei wird die Größe von drei Faktoren bestimmt, die auch Einfluss auf die Form und Beschaffenheit der fertigen Matte haben.

An erster Stelle steht die Zahl der Parten, aus denen der Knoten gebunden ist. Je mehr Parten, umso großflächiger ist der Knoten und umso komplizierter erscheint er. Um mehr Parten anzufügen, muss der Knoten meist verdoppelt oder verdreifacht werden, denn es können nicht nur ein oder zwei Parten allein hinzugefügt werden.

Zweiter Faktor ist, wie viele Parten parallel nebeneinander gelegt werden. Minimum sind gewöhnlich zwei, das Maximum sind sechs Parten. Eine Matte mit nur zwei parallelen Parten wirkt einfach und liegt unter Umständen nicht flach, eine Matte mit sechs Parten kann unruhig wirken, liegt aber gut flach. Ein guter Kompromiss sind drei Parten.

Der dritte der entscheidenden Faktoren ist der Leinendurchmesser

1 Beginnen Sie mit dem Auge links unten und arbeiten Sie im Uhrzeigersinn, um die Leine wie gezeigt auszulegen. Das lose Ende ist hier die untere Leine an der rechten Seite.

2 Führen Sie das lose Ende gegen den Uhrzeigersinn herum und zwar einmal über, zweimal unter, einmal über, einmal unter, einmal über und einmal unter.

3 Führen Sie das lose Ende weiter gegen den Uhrzeigersinn einmal über, einmal unter, einmal über und einmal unter.

Bewertung

Stärke
Sicherheit
Schwierigkeit zu binden
Schwierigkeit zu lösen
Praktischer Nutzen

Knoten-Know-how

Die Ozeanmatte wird manchmal auch »Echte Liebhabermatte« genannt. Um sie zu waschen, spritzen Sie beide Seiten gründlich ab und legen Sie die Matte flach zum Trocknen aus.

und die Art der Leine. Eine traditionelle Hanfleine mit 9 mm Durchmesser ergibt eine Matte mit rauer Oberfläche, wie sie für eine Türmatte ideal ist, während man aus einer feinen, goldenen Seidenschnur eine geflochtene Brosche herstellen kann. Moderne Leinen aus Kunstfaser sind ebenfalls gut für Matten geeignet und bieten eine riesige Farbauswahl.

Als grober Anhaltspunkt kann gesagt werden, dass 10 Meter einer 10 mm starken Leine eine Matte mit den Maßen 300 x 170 mm ergibt, wenn drei parallele Parten gelegt werden. Aus 3 Metern einer 3 mm starken Schnur dagegen lässt sich ein Schmuckknoten von 75 x 37 mm Größe knüpfen.

4 Drehen Sie jetzt das lose Ende in Richtung des Uhrzeigersinns und führen Sie es parallel zur stehenden Part durch.

5 Zum Verdoppeln kann sowohl das eine wie das andere Ende verwendet werden. Achten Sie aber darauf, es genau gleich über und unter durchzuführen wie beim ersten Mal.

6 Hier sind drei parallele Parten fertig gelegt. Die Matte wird enger zusammengezogen, indem man die Lose zu einem Ende der Leine hinauszieht. Überstehende Enden werden dann abgeschnitten und angenäht.

Tauwerk-Ring

Manche Traditionssegler haben einen bekleedeten, also umwickelten, Stahlring, mit dem der Hals der Fock am Klüverbaum nach vorn gezogen wird, sodass keiner der Crew es riskieren muss, am Ende des Klüverbaums in die Wellen getaucht zu werden. Einen solchen Ring kann man auch aus Tauwerk selbst improvisieren. Durch die Umwicklung wird er fest und sieht schiffig aus.

Bewertung

Stärke
Sicherheit
Schwierigkeit zu binden
Schwierigkeit zu lösen
Praktischer Nutzen

1 Legen Sie ausreichend viele Törns zu einem Ring in der gewünschten Größe und Stärke.

2 Binden Sie die Törns in regelmäßigem Abstand mit dünnem Garn oder Isolierband ab.

3 Binden Sie das Ende des Garns für die Umwicklung mit einem Konstriktor (Seite 38) oder einem ähnlichem Knoten an den Törns fest.

4 Umwickeln Sie den Ring eng und fest mit dem Garn.

5 Wickeln Sie ganz um den Ring herum, sodass der Ring überall geschützt ist.

Knoten-Know-how

Ashley beschreibt diesen Tauwerk-Ring im *Ashley-Buch der Knoten* und empfiehlt, den Ring zunächst mit dünnem Bleiblech zu bekleeden, um in widerstandsfähiger zu machen, und dann erst mit Garn zu umwickeln. Man kann auch kleine Ringe auf diese Art herstellen, z. B. als Griff an einer Schnur.

6 Binden Sie das Ende des Garns mit einem Webeleinstek (Seite 32) oder einem ähnlichem Knoten fest. Die stehende Part aus dem Ring kann auch zur Befestigung oder für ein kleines Auge verwendet werden.

Taklinge und Bändsel

9

Einfacher Takling

Die Enden der Leinen mit Taklingen zu versehen stellt für viele Segler, die Wert auf ordentliches Tauwerk legen, nach wie vor die beste Lösung dar. Der einfache Takling ist dabei die gebräuchlichste Wahl, aber es gibt auch dauerhaftere und dekorativere Techniken. Wer in neues Hochmodulfaser-Tauwerk investiert hat, der entscheidet sich am besten für einen Seemannstakling (Seite 248) oder einen genähten Takling (Seite 249).

Bewertung

Stärke	
Sicherheit	
Schwierigkeit zu binden	
Schwierigkeit zu lösen	
Praktischer Nutzen	

Auf jeder Yacht gibt es eine Menge Strippen, und selbst auf dem kleinsten Boot hängen Dutzende Leinenenden von allen möglichen Stellen, ob von den Reffreihen im Segel oder von der Trillerpfeife an der Rettungsweste. All diese Enden müssen betakelt werden, damit sie sich nicht aufdröseln.

Da überrascht es kaum, dass die Seeleute auch für diese höchst banale und monotone Arbeit die unterschiedlichsten Techniken entwickelt haben. Ashley listet mindestens 20 verschiedene Methoden auf, um Leinen mit Garn zu betakeln.

Am einfachsten ist es, das Ende mit etwas gewachstem Takelgarn zu umwickeln und einen Knoten zu machen. Dazu käme der Kreuzknoten (Seite 156), der Würgeknoten (Seite 42) oder der Konstriktor (Seite 38) infrage. All diese Knoten bieten schnell eine gute Lösung, bis man Zeit hat, einen ordentlichen Takling aufzusetzen.

Das Nonplusultra für traditionelles Tauwerk ist der Rückspleiß (Seite 262), doch hat er den Nachteil, den Leinendurchmesser annähernd zu verdoppeln.

Mit Aufkommen des Kunstfasertauwerks sind Taklinge etwas in Vergessenheit geraten, da meist die Enden mit einem Schmelz-Takling (Seite 251) versehen werden. Doch früher oder später löst sich solch ein Schmelz-Takling. Erfahrene Skipper verwenden ihn daher nur als Provisorium, bis ein dauerhafterer Takling aufgebracht werden kann.

Auch das Eintauchen der Leinenenden in eine flüssige Masse, die daraufhin abbindet und das Ende verklebt, zählt zu den nicht-traditionellen Methoden. Ebenso wie ein Schrumpfschlauch, der mit einer Heißluftpistole erhitzt wird und sich fest um das Leinenende legt.

All diese Methoden sind für Hochmodulfaser-Tauwerk wie Dyneema oder Spectra jedoch nicht geeignet. Hier empfehlen sich die guten, alten Taklinge, wie sie auf den folgenden Seiten gezeigt werden.

1 Machen Sie eine Bucht in das Ende des Takelgarns und legen Sie diese längs auf die Leine.

2 Halten Sie die Bucht fest und wickeln Sie einige Törns um die Leine in Richtung zu der Bucht.

3 Fahren Sie fort, bis die Breite der Wicklungen ungefähr dem Durchmesser der Leine entspricht.

4 Stecken Sie das lose Ende durch die Bucht und ziehen Sie an der stehenden Part, bis die Bucht unter den Wicklungen verschwunden ist.

5 Schneiden Sie die Enden des Takelgarns bündig an den Wicklungen ab.

Seemannstakling

Der Seemannstakling wird ebenfalls ohne Nadel gemacht und zählte früher zu den gebräuchlichsten Taklingen auf den großen Segelschiffen. Gegenüber dem einfachen Takling stellt er bereits eine Verbesserung dar, weil das Ende des Takelgarns nicht erst nachträglich unter die Törns gezogen werden muss und weil er nicht so einfach von selbst aufgehen kann.

Bewertung

- Stärke
- Sicherheit
- Schwierigkeit zu binden
- Schwierigkeit zu lösen
- Praktischer Nutzen

1 Legen Sie das Ende des Takelgarns längs über die Leine.

2 Wickeln Sie das Takelgarn um die Leine und um seine eigene stehende Part, bis die Breite der Wicklungen in etwa dem halben Durchmesser der Leine entspricht.

3 Legen Sie das Takelgarn zu einer Bucht mit etwa der gleichen Länge, die bereits für die erste Hälfte des Taklings an Garn verbraucht wurde.

4 Führen Sie die Wicklungen nun mit der Bucht fort, bis das Ende der Bucht erreicht ist.

5 Ziehen Sie die Bucht an der stehenden Part des Takelgarns zu und schneiden Sie die beiden Enden über den mittleren Törns bündig ab.

Genähter Takling

Mit diesem Takling macht man es gleich richtig, und das ist die Mühe auf jeden Fall wert. Nicht nur, weil er mit seinem durch die Leine vernähten Ende einer der dauerhaftesten Taklinge ist, sondern auch, weil er einfach wie ein richtiger Takling aussieht. Er ist auch für geflochtenes Tauwerk und für Hochmodulfaser-Tauwerk geeignet, bei dem gewöhnlich zwei oder drei Zurrtörns gemacht werden.

Bewertung

Stärke
Sicherheit
Schwierigkeit zu binden
Schwierigkeit zu lösen
Praktischer Nutzen

1 Fädeln Sie das Ende des Takelgarns in eine Segelmachernadel und stechen Sie zwischen den Kardeelen durch – oder mittig durch ein Kardeel für einen noch stärkeren Takling.

2 Stecken Sie die stehende Part zwischen die Kardeele und wickeln Sie einen Takling, im Leinendurchmesser. Führen Sie das Ende zwischen den oberen Kardeelen durch.

3 Folgen Sie der Keep zwischen den Kardeelen, um den ersten Zurrtörn zu legen, und stechen Sie so durch, dass das Garn zwischen den beiden nebenliegenden Kardeelen herauskommt.

4 Folgen Sie dieser Keep nach oben, um den zweiten Zurrtörn zu machen, und stechen Sie wieder so durch, dass das Garn in der nebenliegenden Vertiefung austritt.

5 Führen Sie das Garn in dieser Keep nach unten und stechen Sie so durch, dass das Garn neben dem ersten Zurrtörn herauskommt.

6 Führen Sie das Ende des Garns unter einigen der Zurrtörns durch und schneiden Sie es bündig ab.

Französischer Takling

Diesen Takling könnte man auch an einem Geländer oder einem Handlauf in einer Seemannskneipe finden, denn er hat ein schönes Muster und eignet sich als Umwicklung für die verschiedensten runden Gegenstände. Er hält zwar nicht so sicher wie der genähte Takling (Seite 249), kann dafür aber ohne Nadel gemacht werden.

Bewertung

Stärke

Sicherheit

Schwierigkeit zu binden

Schwierigkeit zu lösen

Praktischer Nutzen

1 Machen Sie am Ende der Leine eine Schlinge mit einem Überhandknoten (Seite 110) oder einem ähnlichen Knoten.

2 Führen Sie das lose Ende in Richtung des Schlags der Leine herum und stecken Sie es unter sich selbst durch, um den ersten Halben Schlag zu bilden.

3 Legen Sie weitere Halbe Schläge in derselben Richtung wie der Schlag der Leine.

4 Der fertige Takling sollte mindestens so breit sein, wie die Leine dick ist.

5 Stecken Sie das Ende nach dem letzten Halben Schlag unter den letzten beiden Törns durch, damit es sich nicht mehr lösen kann.

Schmelztakling

Im Gegensatz zu Naturfasertauwerk schmilzt Kunstfasertauwerk unter Hitzeeinwirkung, sodass die Enden auf diese Art versiegelt und zusammengehalten werden können. Die Enden können aber wieder aufbrechen, wenn sie nicht sorgfältig verschmolzen wurden. Deshalb sollte man den Schmelztakling nur als vorübergehende Lösung verwenden. Für Hochmodulfaser-Tauwerk ist der Schmelztakling nicht geeignet.

Bewertung

Stärke	3
Sicherheit	3
Schwierigkeit zu binden	3
Schwierigkeit zu lösen	5
Praktischer Nutzen	5

1 Selbst bei dicht geflochtenem Tauwerk, wie hier gezeigt, dröseln sich die Enden nach kurzer Zeit bereits auf.

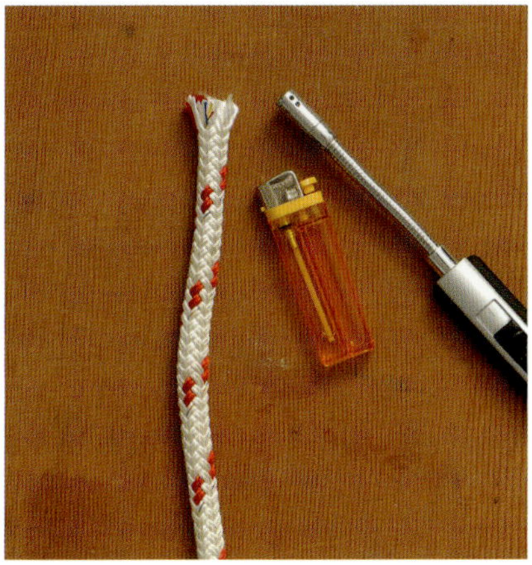

2 Wer keinen elektrischen Heißschneider zur Verfügung hat, kann ein normales Feuerzeug oder einen Zigarettenanzünder verwenden.

3 Das Ende kann so verschmolzen werden, wie es ist, oder man umwickelt es vorher mit etwas Klebeband, damit es nicht aufpilzt.

4 Vorsichtsmaßnahmen müssen, wie bei jeder Arbeit mit einer offenen Flamme, beachtet werden. Sorgen Sie auch für eine gute Belüftung, damit die Verbrennungsgase abziehen können!

Knoten-Know-how

Beim Takeln sollte man die richtigen Begriffe verwenden. Taklinge werden an das Ende einer Leine gemacht, damit es sich nicht aufdröseln kann. Mit einem Bändsel werden zwei oder mehr Parten miteinander oder mit einem Gegenstand verbunden. Umwickelt man Leinen oder Gegenstände auf einer größeren Länge, meist zum Schutz vor Abrieb, so spricht man von Bekleeden.

Kronen-Takling

Dieser Takling baut auf dem Kronenknoten auf. Er kann ebenfalls als Umwicklung dienen, z. B. an einem Handlauf, obwohl dazu der Anfang verändert werden muss. Die fortlaufenden Kronenknoten ergeben ein Muster mit drei Erhebungen, die dem Schlag der Leine folgen. Der Kronen-Takling ist sicher und sieht gut aus, kann aber leicht verdicken.

Bewertung

- Stärke
- Sicherheit
- Schwierigkeit zu binden
- Schwierigkeit zu lösen
- Praktischer Nutzen

1 Binden Sie ein Stück Takelgarn an der Mitte eines zweiten Stück Garns fest, das doppelt so lang ist. Platzieren Sie die drei Enden, wie gezeigt, in der Mitte der Kardeele.

2 Führen Sie jedes der Enden unter der stehenden Part des nebenliegenden Endes durch und ziehen Sie die Enden nach rechts, um dem Schlag der Leine zu folgen.

3 Fahren Sie fort, die Garne über und unter durchzuführen, und vergewissern Sie sich, dass sie weiter dem Schlag der Leine folgen.

4 Ziehen Sie die Kronenknoten fest, während der Takling immer länger wird.

5 Stecken Sie zum Abschluss jedes der Enden unter den beiden letzten Kronenknoten durch und schneiden Sie die Enden bündig ab.

West-Country-Takling

Dieser Takling gar nichts Besonderes und man benötigt auch nur einfache Werkzeuge, etwa ein Messer, um ihn zu binden, aber er ist erstaunlich zäh und dauerhaft. Selbst wenn der abschließende Knoten aufgeht, löst sich der Takling noch lange nicht von der Leine. Versorgen Sie damit die Enden von besonders glattem Tauwerk, wenn keine Nähnadel verwendet werden soll oder kann.

Bewertung

- Stärke
- Sicherheit
- Schwierigkeit zu binden
- Schwierigkeit zu lösen
- Praktischer Nutzen

1 Machen Sie einen Überhandknoten (Seite 148) in die Mitte eines Stück Takelgarns und platzieren Sie es am Ende der Leine.

2 Ziehen Sie den Knoten fest. Ein Konstriktor (Seite 38) ergibt ebenfalls einen guten Startknoten, da er die Kardeele fest umschnürt.

Knoten-Know-how

Es gibt auch unkonventionelle Methoden und Materialien für Taklinge. Dazu zählt das bunte Isolierband, wie man es im Baumarkt erhält. Manch einer schwört auch auf die Vorzüge von Zahnseide und behauptet, sie wäre haltbarer als gewachstes Takelgarn. Na ja, solange er seine Zähne nicht mit geteertem Schiemannsgarn pflegt …

3 Führen Sie die Enden herum und binden Sie einen weiteren Überhandknoten auf der anderen Seite der Leine.

4 Fahren Sie so fort, bis der Takling die benötigte Länge hat. Binden Sie die Enden zum Abschluss mit einem Kreuzknoten (Seite 156) zusammen.

Bändsel

Traditionell verwendete man Bändsel im stehenden Gut, wenn Leinen oder Drahtseile so dick waren, dass ein Spleiß unmöglich war. Heute können Bändsel an modernen geflochtenen Leinen eingesetzt werden, die zu kompliziert oder zu zeitaufwändig zu spleißen sind. Man kann selbst Drahtseile an Halterungen oder ein anderes Drahtseil bändseln, wenn keine geeigneten Beschläge zur Verfügung stehen.

Bewertung
- Stärke
- Sicherheit
- Schwierigkeit zu binden
- Schwierigkeit zu lösen
- Praktischer Nutzen

1 Schnüren Sie die beiden Parten mit einem laufenden Palstek (Seite 131) oder einem ähnlichen Knoten am Ende des Takelgarns zusammen.

2 Wickeln Sie das Takelgarn eng aneinander um die beiden Parten. Acht bis zehn Wicklungen werden traditionell empfohlen.

3 Führen Sie das lose Ende nach oben durch die Törns. Verwenden Sie einen Marlspieker, falls nötig.

4 Holen Sie das lose Ende dicht.

5 Machen Sie zwei Zurrtörns um das Bändsel, sodass das Ende innerhalb des Auges zu liegen kommt. Binden Sie wie gezeigt einen flachen Knoten.

6 Ziehen Sie den Knoten fest und schneiden Sie das Ende mit einem kurzen Überstand ab.

Achter-Bändsel

Diese Methode ist speziell für Drahtseile gut geeignet, da die fortlaufenden Achter-Törns ein Durchrutschen verhindern. In einer Leine kann das Achter-Bändsel ein Auge bilden, das genauso zuverlässig und sicher hält wie ein Spleiß. Bei einem Bändsel hat man aber den Vorteil, dass man es schnell wieder aufknoten oder sogar durchschneiden kann, wenn man die Leine wieder mit ihrem einfachen Ende benötigt.

Bewertung

Stärke	4
Sicherheit	5
Schwierigkeit zu binden	4
Schwierigkeit zu lösen	3
Praktischer Nutzen	4

1 Machen Sie das Ende des Takelgarns an einer der Parten mit einem laufenden Palstek (Seite 131) oder einem ähnlichen Knoten fest.

2 Führen Sie das Takelgarn in fortlaufenden Achten um die beiden Parten herum.

3 Machen Sie mindesten fünf Umwicklungen. Lassen Sie einen Abstand von der Stärke des Takelgarns zwischen den Umwicklungen.

4 Wickeln Sie das Takelgarn um beide Parten herum und legen Sie die Törns in die freien Zwischenräume.

5 Machen Sie zwei Zurrtörns um das Bändsel und ziehen Sie gut fest. Binden Sie zum Abschluss einen flachen Knoten, wie auf der Seite gegenüber in Abbildung 5 gezeigt.

Spleiße

10

Kurzspleiß

Wenn die englische Königin, wie zuletzt beim Kronjubiläum 2012, ihrer Navy den Befehl gibt »Spleißt die Großbrasse!« (»Splice the mainbrace!«), dann bedeutet das, eine Portion Rum auszugeben. Denn früher war das Spleißen der Brassen, die 75 Millimeter und mehr Durchmesser hatten, eine schwere Arbeit, die besonders belohnt werden musste. Heute ist das Spleißen eine viel feinere Angelegenheit, die jeder lernen kann. Wer einen Zopf flechten kann, kann auch spleißen.

Bewertung

Stärke
Sicherheit
Schwierigkeit zu binden
Schwierigkeit zu lösen
Praktischer Nutzen

Früher dachte man, Spleißen sei eine geheime Kunst, die nur die erfahrensten Seemänner und Takler beherrschen. Doch dank neuer Bücher und Videos wurde mit diesem Vorurteil aufgeräumt, und heute spleißen Hobbysegler genauso wie Profis. Durch modernes, glattes Kunstfasertauwerk wurde die Arbeit auch unendlich viel leichter im Vergleich zum rauen Hanf oder Sisal. Bei den modernen Materialien müssen aber aus genau diesem Grund auch mehr Durchstiche gemacht werden, sonst kann sich der Spleiß lösen. Zwei oder drei Durchstiche wie bei Naturfasertauwerk reichen nicht, das Minimum sollten vier Durchstiche sein.

Ein Spleiß hat den Vorteil gegenüber einem Knoten, dass er die Bruchlast der Leine um nur 5–10 Prozent reduziert, wogegen ein Knoten sie um ca. 50 Prozent herabsetzt. Ein Spleiß ist zudem sicherer als ein Knoten, man benötigt aber mehr Zeit, ihn zu machen, und er kann nicht mehr schnell gelöst werden. Außerdem verdickt er die Leine um bis zu 100 Prozent.

Die Länge eines Spleißes wird in Durchstichen gemessen. Drei Durchstiche bedeutet, die Kardeele wurden drei Mal unter den Kardeelen der anderen Leine durchgeführt.

1 Binden Sie die Enden ab. Messen Sie dreimal den Durchmesser der Leine für jeden Durchstich, bei fünf Durchstichen in 10-mm-Leine sind das 3 x 10 x 5 = 150 mm.

5 Nehmen Sie ein beliebiges Kardeel aus dem oberen Teil des Spleißes und heben Sie das unmittelbar links liegende Kardeel an. (Bei linksgeschlagenem Tauwerk muss das rechte Kardeel angehoben werden.)

6 Stecken Sie das erste Kardeel unter dem angehobenen Kardeel durch und ziehen es kräftig dicht. Stecken Sie die beiden anderen Kardeele ebenfalls unter dem jeweils links nebenliegenden Kardeel durch.

7 Fahren Sie so fort und machen Sie weitere vier Durchstiche. Die Kardeele werden dabei im Uhrzeigersinn immer über und unter durchgeführt.

2 Schlagen Sie die Enden der Leine auf und binden Sie die Enden der Kardeele falls nötig ab.

3 Fügen Sie die Enden so zusammen, dass die Kardeele in entgegengesetzte Richtungen zeigen.

4 Binden Sie die unteren Kardeele mit etwas Takelgarn oder Klebeband an die Leine.

8 Lösen Sie die festgebundenen Kardeele und stecken Sie eins unter dem unmittelbar rechts liegenden Kardeel durch (bei links geschlagenem Tauwerk unter dem unmittelbar rechts liegenden Kardeel).

9 Stecken Sie die beiden anderen Kardeele ebenso durch. Machen Sie dann vier weitere Durchstiche und führen Sie die Kardeele dabei gegen den Uhrzeigersinn immer über und unter durch.

10 Ziehen Sie die Kardeele stramm. Rollen Sie dann den Spleiß mit dem Fuß auf dem Boden oder klopfen Sie ihn, um ihn zu glätten und gleichmäßig auszurichten. Schneiden Sie die Kardeele bündig ab.

Langspleiß

Mit dem Langspleiß kann man vermeiden, dass die Leine an der Verbindungsstelle dicker wird. Dazu werden zwei Kardeele der einen Leine herausgenommen und durch zwei Kardeele der anderen Leine ersetzt. So bleibt zwar der Durchmesser der Leine unverändert, doch schwächt der Langspleiß die Leine in erheblich größerem Maß als der Kurzspleiß, nämlich um bis zu 50 Prozent.

Bewertung

- Stärke
- Sicherheit
- Schwierigkeit zu binden
- Schwierigkeit zu lösen
- Praktischer Nutzen

1 Messen Sie 40-mal den Durchmesser der Leine von den Enden her ab und markieren Sie diese Stelle. Hier 40 x 10 mm = 400 mm.

2 Schlagen Sie die Kardeele auf und fügen Sie die Enden so zusammen, dass die Kardeele in entgegengesetzte Richtungen zeigen.

3 Drehen Sie ein beliebiges Kardeel auf ca. 35 cm Länge aus der oberen Leine heraus. Fügen Sie das nächstgelegene Kardeel aus der unteren Leine in die entstandene Rille ein.

4 Schneiden Sie das herausgenommene Kardeel ab. Lassen Sie aber noch etwas Überstand, um es später noch zu verspleißen.

5 Nehmen Sie das nächste Kardeel aus der oberen Leine und drehen Sie es ca. 17,5 cm lang aus der Leine. Nehmen Sie das nächstgelegene Kardeel aus der unteren Leine und fügen Sie es in die entstandene Rille ein.

6 Führen Sie die beiden übrigen Kardeele über Kreuz und stecken Sie die Enden unter mindestens zwei Kardeelen durch.

7 Machen Sie genau das Gleiche an den Stellen weiter oben an der Leine, wo sich die anderen Kardeelenden gegenüberliegen. Schneiden Sie dann die Enden bündig ab.

8 Betakeln Sie falls nötig die Verbindungsstellen. Rollen Sie dann den Spleiß mit dem Fuß auf dem Boden oder klopfen Sie ihn mit einem Marlspieker oder einem Fitt, um ihn zu glätten und gleichmäßig auszurichten.

Rückspleiß

Dieser Spleiß ist schnell und einfach zu machen und verhindert, dass sich die Kardeele einer Leine aufdrehen. Meist wird er nur vorübergehend eingesetzt, bis ein richtiger Takling (Seiten 246–253) gemacht wird, doch man kann den Rückspleiß auch als dauerhafte Lösung belassen. Allerdings verdoppelt er den Durchmesser am Ende der Leine, was je nach Einsatz von Vorteil oder Nachteil sein kann.

Bewertung

Stärke

Sicherheit

Schwierigkeit zu binden

Schwierigkeit zu lösen

Praktischer Nutzen

1 Binden Sie das Ende für sechs Durchstiche ab: den Durchmesser der Leine für jeden Durchstich, bei sechs Durchstichen in 10-mm-Leine also 3 x 10 x 6 = 180 mm.

2 Schlagen Sie die Kardeele auf und binden Sie auch die Enden der Kardeele ab, falls nötig.

3 Führen Sie jedes Kardeel über die stehende Part des jeweils rechts nebenliegenden Kardeels, um einen Kronenknoten (Seite 198) zu machen.

4 Ziehen Sie die Kardeele nach unten, um den Kronenknoten zu festigen.

5 Nehmen Sie ein beliebiges Kardeel und führen Sie es zuerst über das rechts nebenliegende Kardeel in der stehenden Part und dann unter dem nächsten Kardeel durch.

6 Verfahren Sie genau gleich mit den beiden anderen Kardeelen.

7 Spleißen Sie die Kardeele weiter gegen den Uhrzeigersinn nach unten.

8 Ziehen Sie den Spleiß nach fünf oder sechs Durchstichen fest und schneiden Sie die Kardeele bündig ab. Betakeln oder versiegeln Sie die Enden, falls nötig.

Kauschspleiß

Bei der Verbindung einer Leine mit einem Schäkel kommt es immer zu Abrieb an der Leine. Daher ist es eine gute Lösung, ein festes Auge in das Ende der Leine zu spleißen, das mit einer Kausch aus Metall oder Kunststoff verstärkt wird. An Bord werden Kauschspleiße an Fallen, Ankerleinen, Festmachern und vielen anderen Stellen verwendet.

Bewertung

Stärke
Sicherheit
Schwierigkeit zu binden
Schwierigkeit zu lösen
Praktischer Nutzen

1 Schlagen Sie die Kardeele für vier Durchstiche auf: 3 x den Durchmesser der Leine für jeden Durchstich, bei vier Durchstichen in 10-mm-Leine also 3 x 10 x 4 = 120 mm.

2 Binden Sie die Leine an der Kausch fest. Legen Sie die Leine ganz um die Kausch und binden Sie die stehende Part an der Kausch fest.

3 Fügen Sie das lose Ende und die stehende Part so zusammen, dass das mittlere und rechte Kardeel über der stehenden Part liegen und das linke Kardeel darunter liegt.

4 Führen Sie das rechte Kardeel über das unmittelbar rechts nebenliegende Kardeel in der stehenden Part und dann unter dem nächsten Kardeel durch. Machen Sie das Gleiche mit den beiden anderen Kardeelen.

5 Stecken Sie alle drei Kardeele noch einmal über und unter gegen den Uhrzeigersinn durch.

6 Fahren Sie so fort und ziehen Sie die Kardeele nach jedem Durchstich stramm.

Augspleiß

Ein normaler Augspleiß ohne Kausch ist völlig ausreichend, wenn weder Schäkel noch Kette am Ende der Leine durchgeführt werden sollen. Er wird oft im laufenden Gut traditioneller Yachten und bei allen Arten von Festmachern verwendet.

Bewertung

Stärke
Sicherheit
Schwierigkeit zu binden
Schwierigkeit zu lösen
Praktischer Nutzen

1 Binden Sie die Leine ab und schlagen Sie die Kardeele für drei Durchstiche auf. Spleißen Sie das Ende an die stehende Part, wie beim Kauschspleiß beschrieben.

2 Mindestens drei Durchstiche werden für traditionelles Tauwerk benötigt, fünf oder sechs Durchstiche für moderne Leinen. Schneiden Sie die Enden bündig ab und betakeln oder versiegeln Sie sie, falls nötig.

7 Nachdem mindestens drei Durchstiche gespleißt sind (bei modernem Tauwerk mehr), können die Enden aufgedröselt und etwa die Hälfte der Garne mit einem Messer bündig abgeschnitten werden.

8 Stecken Sie die ausgedünnten Enden noch einmal über und unter durch, um eine Verjüngung zu erreichen. Betakeln oder versiegeln Sie dann die Enden, falls nötig.

Traditioneller Kettenspleiß

Bewertung

Stärke

Sicherheit

Schwierigkeit zu binden

Schwierigkeit zu lösen

Praktischer Nutzen

Viele Segler verlängern ihr Ankergeschirr mit einer Leine, die an die Ankerkette gespleißt wird. Damit hat man nicht so viel Gewicht vorn im Bug wie bei einer einzigen langen Kette. Die Ankerleine kann aber nicht mit einem normalen Aug- oder Kauschspleiß mit der Kette verbunden werden, da sie damit nicht über die Ankerwinsch laufen kann. Die Lösung ist dieser Langspleiß, der die Leine kaum verdickt.

1 Binden Sie die Leine ab und schlagen Sie die Kardeele auf einer Distanz von ungefähr 40-mal dem Seildurchmesser auf, in diesem Fall 40 x 10 mm = 400 mm.

2 Führen Sie das mittlere und das rechte Kardeel durch die Kette.

3 Führen Sie das rechte Kardeel unter sich selbst zurück und über das mittlere Kardeel.

5 Ziehen Sie das linke Kardeel nach und nach aus der Leine und ersetzen Sie es durch das mittlere Kardeel. Achten Sie darauf, dass sich die Verwindungen des mittleren Kardeels genau in den Schlag der Leine einfügen.

6 Kurz bevor man das Ende des mittleren Kardeels erreicht, kreuzt man es über das linke Kardeel.

7 Stecken Sie die Enden dann unter mindestens drei Kardeelen durch, um die Übergangsstelle zu verbergen.

4 Führen Sie das rechte Kardeel nach oben. Wickeln Sie das mittlere Kardeel um die eigene stehende Part und um die des rechten Kardeels, bis es dem linken Kardeel gegenüber liegt.

Knoten-Know-how

Die traditionelle Methode, einen Spleiß zu verjüngen, besteht darin, nach dem letzten Durchstich die Hälfte der Garne aus den einzelnen Kardeelen herauszuschneiden und dann noch einen Durchstich zu machen. Man kann auch nur jeweils ein Drittel der Garne herausschneiden und mit dem Rest (2/3, 1/3) weitere Durchstiche machen. Oder man schneidet ein Kardeel bündig ab, macht mit den anderen beiden noch einen Durchstich, schneidet wieder eines ab und macht mit dem letzten Kardeel den letzten Durchstich.

8 Machen Sie einen Halben Schlag in das rechte Kardeel und stecken Sie das Ende unter der Oberseite des Knotens durch. Schneiden Sie das Ende bündig ab und versiegeln Sie es, falls nötig.

9 Ziehen Sie den Spleiß fest und schneiden Sie das mittlere und das linke Kardeel ebenfalls bündig ab. Rollen Sie dann den Spleiß mit dem Fuß auf dem Boden oder klopfen Sie ihn vorsichtig, um ihn gleichmäßig auszurichten.

Grummetspleiß

Grummets sind endlos zusammengespleißte Ringe. Sie wurden als Mastringe oder Seekistenhandgriffe verwendet oder dienten, um Blöcke zusammenzuhalten. An eine Leine gespleißt ergeben sie einen nachgiebigen Ring, der mehr Steifheit besitzt als das Auge eines gewöhnlichen Augspleißes. Mit der gezeigten Methode kann man auch eine Leine in der Mitte einer anderen Leine anspleißen.

Bewertung

Stärke

Sicherheit

Schwierigkeit zu binden

Schwierigkeit zu lösen

Praktischer Nutzen

1 Bestehen Grummet (links) und Leine aus traditionellem Tauwerk, genügt ein kurzer Spleiß. Bei modernem Tauwerk muss ein längerer Spleiß gemacht werden.

2 Schlagen Sie die Kardeele für drei Durchstiche auf: dreimal den Durchmesser der Leine für jeden Durchstich bei drei Durchstichen in 10-mm-Leine also 3 x 10 x 3 = 90 mm.

3 Stecken Sie das linke Kardeel unter einem beliebigen Kardeel im Grummet durch.

4 Stecken Sie das mittlere Kardeel unter dem rechts vom ersten Durchstich liegenden im Grummet durch, dann das rechte Kardeel wieder unter dem unmittelbar rechts vom letzten Durchstich liegenden durch.

5 Führen Sie die Kardeele durch den Grummet und drehen Sie ihn um. Stecken Sie jedes der Kardeele gegen den Uhrzeigersinn unter seiner eigenen stehenden Part in der Leine durch.

6 Machen Sie bei traditionellem Tauwerk mindestens noch zwei weitere Durchstiche und mehr, wenn Sie mit modernem Tauwerk arbeiten.

7 Ziehen Sie den Spleiß fest und schneiden Sie die Enden bündig ab. Betakeln oder versiegeln Sie die Enden, falls nötig.

Augspleiß in Quadratgeflecht

Bei dieser konfusen Flechtung mit den vielen Kardeelen könnte man meinen, dass quadratgeflochtene Leinen gar nicht gespleißt werden können. Der Trick jedoch ist, die rechtsgeschlagenen von den linksgeschlagenen Kardeelen zu trennen (es gibt vier von jeder Art). Fügen Sie immer zwei gleiche zu einem Paar zusammen und Sie haben nur noch vier Kardeelpaare. Von da an ist es einfach.

Bewertung

Stärke
Sicherheit
Schwierigkeit zu binden
Schwierigkeit zu lösen
Praktischer Nutzen

1 Binden Sie die Leine ab (12x Seildurchmesser). Teilen Sie die Kardeele in zwei rechts- und zwei linksgeschlagene Kardeelpaare. Markieren Sie diese mit unterschiedlichem Klebeband.

2 Legen Sie die Größe des Auges fest und stecken Sie das linke Paar unter dem nächstgelegenen Kardeelpaar in der stehenden Part von links nach rechts durch.

3 Drehen Sie das Auge um. Stecken Sie das nächste Paar unter dem nächsten Paar der stehenden Part durch und machen Sie das Gleiche mit den übrigen beiden Kardeelpaaren.

5 Führen Sie ein Kardeelpaar über das nächste Paar in der Leine und dann die einzelnen Kardeele von rechts nach links unter dem nächsten Paar durch – eins unter dem einen Kardeel, das andere unter dem anderen.

6 Drehen Sie das Auge um und machen Sie das Gleiche mit einem gegenüberliegenden Paar, das andersherum geschlagen ist als das erste. Stecken Sie die Kardeele aber jetzt von links nach rechts durch.

7 Fahren Sie so fort und wechseln Sie dabei immer zwischen rechts- und linksgeschlagenen Kardeelpaaren und der Richtung der Durchstiche ab.

4 Nachdem alle Paare durchgesteckt sind, trennt man die Paare zu einzelnen Kardeelen. Achten Sie darauf, sie weiterhin farbig als rechts- bzw. linksgeschlagen zu markieren.

8 Machen Sie mindesten vier komplette Durchstiche und betakeln Sie dann die Enden der Kardeele, bevor diese abgeschnitten werden.

9 Schneiden Sie die Kardeele ab. Als Alternative können Sie die Kardeele wie auf Seite 251 beschrieben verschmelzen. Achten Sie darauf, nicht die stehende Part zu versengen.

Kettenspleiß in Quadratgeflecht

Bewertung

Stärke

Sicherheit

Schwierigkeit zu binden

Schwierigkeit zu lösen

Praktischer Nutzen

Für eine Ankerleine aus Kunstfasertauwerk gibt es keine bessere Wahl als quadratgeflochtene Leinen, auch »Squareline« genannt. Doch man hat das gleiche Problem, die Leine ohne Verdickung mit der Ankerkette zu verbinden. Auch hier wird ein Langspleiß gemacht, dieser geht allerdings durch mehrere Kettenglieder. Sobald man die einzelnen Kardeele geordnet hat, ist es wirklich nicht mehr schwierig.

1 Zählen Sie die Anzahl der beabsichtigten Durchstiche anhand der Kettenglieder ab – 15 sind ausreichend. Markieren Sie die Leine an dieser Stelle.

2 Binden Sie die Leine ab und entflechten Sie die Kardeele. Bilden Sie zwei rechtsgeschlagene Kardeelpaare und zwei linksgeschlagene. Legen Sie sie wie gezeigt neben die Kette.

3 Führen Sie ein Kardeelpaar von links nach rechts durch das erste Kettenglied. Führen Sie das andere gleichgeschlagene Paar von rechts nach links durch dasselbe Kettenglied.

4 Fahren Sie so fort und führen Sie die beiden gleichgeschlagenen Paare durch jedes zweite Kettenglied, bis Sie das 15. Kettenglied erreicht haben.

5 Trennen Sie die beiden anderen Kardeelpaare zu einzelnen Kardeelen auf und führen Sie zunächst jeweils ein einzelnes Kardeel aus jedem Paar immer gegenläufig durch die anderen Kettenglieder.

6 Führen Sie dann die zwei übrigen, einzelnen Kardeele auf die gleiche Art durch dieselben Kettenglieder.

7 Bändseln Sie die beiden letzten Kardeelpaare mit Takelgarn und einem Konstriktor (Seite 38) oder einem ähnlichen Knoten um das letzte Kettenglied.

8 Bändseln Sie die beiden übrigen Kardeelpaare auf die gleiche Art fest.

Verjüngung in Dyneema-Tau

Die unglaubliche Stärke von Hochmodulfaser-Tauwerk wie Dyneema und Spectra hat zur Veränderung von Beschlägen und Befestigungen geführt. Plötzlich steigen Laschings und Tauwerkschäkel (Seite 280) aus hundertjähriger Vergessenheit auf und sind wieder brandaktuell. Da die neuen Materialien schlecht zu knoten sind, werden traditionelle Handwerkstechniken in abgewandelter Form wiederbelebt.

Bewertung

Stärke
Sicherheit
Schwierigkeit zu binden
Schwierigkeit zu lösen
Praktischer Nutzen

Früher lag das Hauptaugenmerk bei der Herstellung einer Leine darauf, sie so stark wie möglich zu machen. Bei Fasern wie Dyneema und Spectra ist das heute kein Problem mehr. Solche Leinen sind bei gleichem Gewicht 15-mal stärker als Drahtseile, dabei sind sie sogar viel widerstandsfähiger gegen Abrieb und haben eine geringere Dehnung als frühere Materialien. Obwohl diese Leinen viel zu dünn für ihren jeweiligen Einsatz aussehen, sind sie von ihrer Stärke her vermutlich immer noch überdimensioniert.

Dünne Leinen sind auch nicht so gut zu handhaben, sodass die Versuchung naheliegt, viel dickeres Tauwerk anzuschaffen, als eigentlich nötig wäre – das hätte unsere Vorfahren sicherlich verblüfft.

Einer der größten Nachteile dieser modernen Leinen ist, dass sie nur schlecht zu knoten sind. Ihre Oberfläche ist so glatt, dass sie sich aus einem traditionellen Knoten wie einem Schotstek (Seite 80) herausziehen. Verwenden Sie besser einen doppelten oder dreifachen Fischerknoten (Seite 101). Bei Schlaufenknoten ist eine Achtknotenschlaufe (Seite 111) die bessere Wahl als der gute alte Palstek (Seite 112), während man bei Befestigungsknoten dem Marssegelleinenstek (Seite 54) und dem Kuhstek (Seite 49) die größte Haltekraft zuspricht.

Auch wird behauptet, dass die Hochmodulfaser-Leinen durch Knoten viel stärker geschwächt werden als herkömmliches Tauwerk. Daher wird empfohlen die Leinen wann immer möglich zu spleißen statt zu knoten. Doch nicht nur das Spleißen will gelernt sein, auch die Kunst, Taklinge richtig aufzusetzen (Seiten 246–253), wird dem modernen Segler abverlangt, denn diese Materialien lassen sich nicht verschmelzen wie andere Kunstfasern.

Um das Toppgewicht zu reduzieren, wird bei Hochmodulfaser-Tauwerk oft der Mantel entfernt. Die hier gezeigte Methode dieser Verjüngung garantiert, dass der innere Kern nicht durchrutschen kann, wenn der Mantel von einer Klemme oder Ähnlichem gehalten wird.

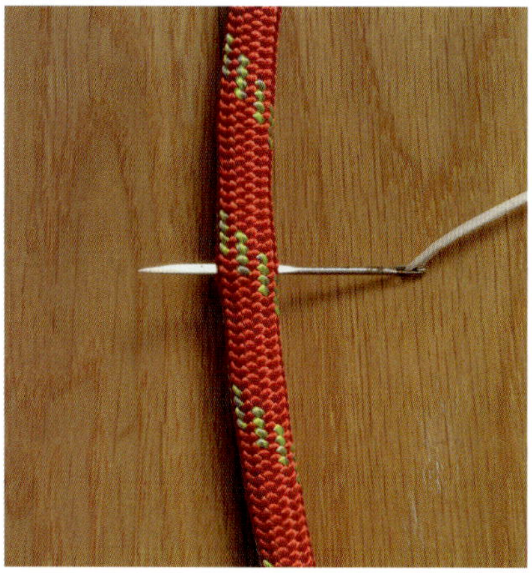

1 Stechen Sie mit einer Segelmacher-Nähnadel und etwas Takelgarn durch die Leine. Das verhindert, dass sich Kern und Mantel während der Spleißarbeit verschieben.

2 Weiten Sie unterhalb des Durchstichs eine Öffnung im Mantelgeflecht auf und holen Sie den Kern aus Dyneema oder Spectra heraus.

3 Ziehen Sie den Kern ganz heraus, ohne ihn dabei zu verletzen.

4 Schieben Sie den Hohlfitt durch die Mitte des Kerns und stecken Sie das Ende des Mantels über das Ende des Fitts.

5 Führen Sie den Mantel mit dem Fitt durch die Mitte des Kerns. Dünnen Sie den Mantel aus, indem Sie einzelne Garne mit einem Messer abschneiden.

6 Schieben Sie den Kern über den Mantel (der Mantel wird an dieser Stelle zum neuen Kern). Nähen Sie drei weitere Durchstiche durch den Spleiß und setzen Sie einen Takling (Seiten 246–253) darüber.

Endlosspleiß in Dyneema-Tau

Bei traditionellem Tauwerk hat es Jahrhunderte gedauert, bis sich die besten Spleißmethoden entwickelt hatten. Bei den heutigen Hochmodulfaser-Leinen ist es nicht anders. So zeigen die beiden nächsten Spleiße bereits unterschiedliche Ansätze, und weitere neue Techniken kommen ständig hinzu. Probieren Sie möglichst viele Methoden aus und entscheiden Sie sich dann für die am besten geeignete.

Bewertung

Stärke

Sicherheit

Schwierigkeit zu binden

Schwierigkeit zu lösen

Praktischer Nutzen

1 Verbinden Sie die beiden Leinen mit Klebeband und lassen Sie die Enden 250–300 mm überstehen.

2 Stechen Sie mit einem Fitt durch die stehende Part direkt neben dem Klebeband. Stechen Sie zwischen den Garnsträngen durch, um die Fasern nicht zu verletzen.

3 Führen Sie das lose Ende der anderen Leine mithilfe des Fitts durch und ziehen Sie es stramm.

5 Führen Sie das lose Ende durch und ziehen Sie es stramm.

6 Überspringen Sie wieder zwei Garnstränge und schieben Sie den Fitt auf einer Länge von ungefähr 150 mm durch den Kern der stehenden Part.

7 Führen Sie das lose Ende mit dem Fitt durch den Kern und ziehen Sie es stramm.

4 Stechen Sie nach zwei Garnsträngen mit dem Fitt wieder zurück durch die stehende Part, ohne die Fasern zu verletzen.

8 Entflechten Sie die Garne des losen Endes.

9 Schneiden Sie die Garne mit einem Messer im spitzen Winkel ab, um das Ende zu verjüngen.

10 Ziehen Sie die stehende Part über das Ende, bis es im Inneren verschwindet. Wiederholen Sie die gezeigten Arbeitsschritte auf der anderen Seite (nicht gezeigt).

Loopspleiß in Dyneema-Tauwerk

Ringe aus Dyneema, sogenannte »Loops«, können an Bord moderner sowie traditioneller Yachten sehr vielseitig eingesetzt werden. Sie sind nicht nur stärker als Metallringe, sie sind auch wesentlich leichter und flexibel, sodass sie um sich herum nichts zerkratzen oder beschädigen können. Verwenden Sie Loops, um Blöcke anzuschlagen, Reffaugen zu sichern oder einen Außenborder an Deck zu heben.

Bewertung

Stärke
Sicherheit
Schwierigkeit zu binden
Schwierigkeit zu lösen
Praktischer Nutzen

1 Schneiden Sie die Leine in der Länge ab, wie sie dem gewünschten Umfang des Loops entspricht plus 200 mm Überstand an beiden Enden für den Spleiß.

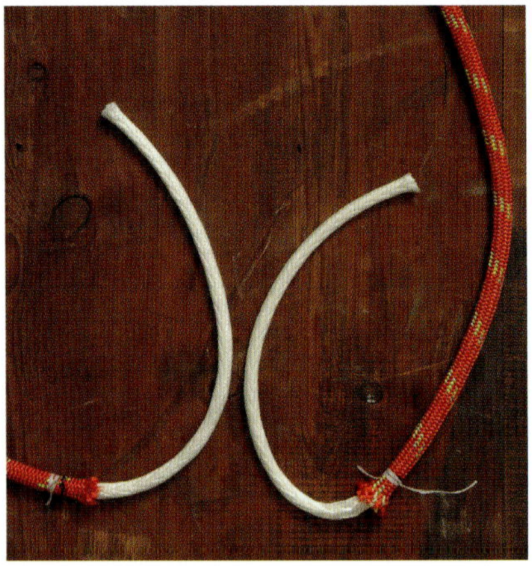

2 Binden Sie den Mantel mit Takelgarn fest, damit er nicht verrutschen kann, und entfernen Sie ihn am losen Ende mit einem scharfen Messer.

3 Verwenden Sie einen Hohlfitt, um auf einer Seite durch die stehende Part zu stechen und das andere lose Ende durchzuführen.

7 Ziehen Sie das verjüngte Ende mit einer Spleißnadel in den Kern.

8 Ziehen Sie den Mantel über das Ende, bis es im Inneren verschwunden ist.

9 Verjüngen Sie das andere lose Ende auf die gleiche Art.

4 Entflechten Sie die Garne des Endes, durch das Sie durchgestochen haben, und bilden Sie zwei Stränge.

5 Führen Sie die Garnstränge um die stehende Part der anderen Seite und verflechten Sie sie wieder.

6 Verjüngen Sie das wieder neu geformte Ende, indem Sie einzelne Garne herausschneiden.

10 Ziehen Sie das Ende mit einer Spleißnadel in den Kern. Schneiden Sie überstehende Enden ab.

11 Ziehen Sie den Mantel so weit wie möglich über den Kern.

12 Setzen Sie einen Takling (Seiten 246–253) über den gesamten Spleiß.

Tauwerkschäkel

Der Tauwerkschäkel, auch Softschäkel genannt, kombiniert aktuelle Spleißtechnik mit der traditionellen Kunst des Knotens. Das Ergebnis ist ein funktionelles und ansprechendes Befestigungselement für die Segelausrüstung. Wenn doch nur Alt und Neu immer so erfolgreich zusammenpassen würden! Verwenden Sie Tauwerkschäkel, um Schoten, Fallen oder Blöcke anzuschlagen.

Bewertung

Stärke

Sicherheit

Schwierigkeit zu binden

Schwierigkeit zu lösen

Praktischer Nutzen

1 Schneiden Sie ein Stück Leine von 90 Zentimetern Länge ab.

2 Machen Sie die erste Markierung 300 mm vom Ende der Leine und eine zweite Markierung weitere 140 mm von der ersten Markierung.

3 Führen Sie das lose Ende von der zweiten Markierung mithilfe eines Fitts durch den Kern zur ersten Markierung.

7 Machen Sie eine Bucht in die stehende Part und schieben Sie sie wie gezeigt unter das Auge.

8 Führen Sie die stehende Part um das lose Ende herum und stecken Sie es dort, wo es im Auge sichtbar ist, unter sich selbst durch.

9 Ziehen Sie den Knoten nach unten hin fest und bringen Sie ihn in eine zylindrische Form.

4 Ziehen Sie das lose Ende durch den Kern. Stecken Sie einen Fitt durch das Auge, damit es nicht ganz zugezogen wird.

5 Führen Sie das lose Ende nahe der Stelle, wo die Leine aus dem Kern austritt, durch die stehende Part.

6 Ziehen Sie das lose Ende ganz durch und legen Sie ein Unterhandauge.

10 Führen Sie die Enden um die beiden Parten an der Unterseite des Knotens, je ein Ende um eine Part herum. Ziehen Sie die Enden dann durch die Mitte des Knotens nach oben.

11 Schneiden Sie die Enden bündig mit der Oberseite des Stoppknotens ab.

12 Um den Schäkel zu verwenden, zieht man das Auge auf, steckt den Stoppknoten durch und zieht das Auge wieder zu. Ein Stück herumgewickeltes Klettband sichert vor unbeabsichtigtem Aufgehen.

Glossar

A

Auge Eine Bucht mit einer Überkreuzung. Liegt das lose Ende über der stehenden Part, so wird es Überhandauge genannt, liegt es unter der stehenden Part, heißt es Unterhandauge.

B

Bändsel 1. Kurzes, oft verziertes Stück Tauwerk als Anhänger für einen Gegenstand, um ihn zu befestigen bzw. um ihn nicht zu verlieren. 2. Mit Takelgarn geschnürte Verbindung von Leinen.

Bark Segelschiff mit drei oder mehr Masten, das an den vorderen Masten Rahsegel trägt und am hintersten Mast ein Gaffelsegel und ggf. auch ein Toppsegel.

Baum Eine unten am Mast beweglich angebrachte Spiere (Stange), an der das Segel befestigt ist.

Belegen Eine Leine durch Windungen an einer Klampe oder einem Belegnagel festmachen.

Belegnagel Eine runde Stange aus Holz oder Metall, die in einer Nagelbank oder Beting steckt und an der eine Leine belegt werden kann.

Beting Starkes Gestell aus Holz, oft um den Mast an Deck gebaut, in das die Belegnägel gesteckt werden.

Block Eine Rolle, mit der eine Leine umgelenkt wird, auch als Teil einer Talje, um einen Kraftvorteil zu erzielen.

Bootsmannsstuhl Sitzgurt aus Gewebe oder ein Holzbrett als Sitz, um an einer Leine (meist einem Fall) in den Mast gezogen zu werden.

Bramsegel Auf einem Rahsegler die dritte Gruppe der Segel von unten. Die Segel darunter sind die Marssegel und Großsegel, darüber sind Royal- und Skysegel und evtl. Mondgucker.

Brassen 1. Leinen, die von den Außenenden (Nocken) der Rahen zum Deck geführt werden und den Anstellwinkel eines Rahsegels zum Wind einstellen. 2. Die Rahsegel in die richtige Position zum Wind einstellen.

Bucht 1. U-förmiger Abschnitt in einer Leine, in der diese sich nicht überkreuzt. 2. Abschnitt der Leine zwischen den Enden.

D

Davit Paarweise Ausleger in der Form eines Krans an Deck eines Schiffes oder einer Yacht, um ein Beiboot hochzuheben.

Dyneema Eine moderne Hightech-Faser für Tauwerk. Man sagt, Dyneema ist bei gleichem Gewicht 15-mal so stark wie Stahl.

F

Fall Eine Leine, um ein Segel, eine Flagge oder das Schwert hochzuziehen.

Fitt Konischer Stab aus Holz oder Metall zum Spreizen der Kardeele beim Spleißen.

Fock Dreieckiges Segel, das vor dem Mast gefahren wird und den Mast nach hinten nicht überlappt.

G

Genua Großes dreieckiges Segel, das vor dem Mast gefahren wird und den Mast nach hinten überlappt.

Gording Eine Leine, die in Lee vor einem Rahsegel nach unten führt und verhindert, dass sich das Segel beim Reffen zu sehr aufbläht.

H

Hebelklemme Mechanische Klemmvorrichtung, um eine Leine festzusetzen.

Hochmodulfaser-Tauwerk Leinen aus Dyneema, Spectra und anderen hochbelastbaren und reckarmen Fasern.

J

Jungfer Eine dicke, runde Kausch aus Holz mit drei Bohrungen. Die Wantjungfer ist am unteren Ende der Wanten befestigt, die Rüstjungfer seitlich am Rumpf. Mit einer Leine, die durch die Jungfern geführt wird, dem Taljereep, wird das Want dichtgesetzt.

K

Kardeel Bestandteil einer geschlagenen Leine. Kardeele, auch Schäfte genannt, werden zu Tauwerk gedreht, man sagt »geschlagen«, und bestehen aus entgegengesetzt verdrehten Garnen.

Kausch Runde oder herzförmige Verstärkung aus Metall oder Plastik, die in das Auge einer Leine eingespleißt werden kann.

Keep Rille zwischen den Kardeelen eines geschlagenen Seils.

Klüverbaum Spiere (Stange), die vom Bug nach vorn ragt und das vorderste stehende Gut aufnimmt und das laufende Gut führt.

L

Lasching Umwicklung mit Takelgarn oder dünnem Bändselgut, um Gegenstände, besonders Stangen, zusammenzubinden oder -halten.

Laufendes Gut Alle Leinen zum Setzen und Trimmen von Segeln und Spieren.

Leesegel 1. Zusätzliche Leichtwindsegel, die seitlich außerhalb der Rahsegel gesetzt werden konnten. 2. An der offenen Seite einer Koje gespanntes Tuch, um bei Schiffsbewegungen und Schräglage nicht herauszufallen.

Loses Ende Das Seilende, das zum Binden eines Knotens verwendet wird.

M

Marlspieker Konische, kurze Stange aus Metall als Werkzeug beim Spleißen und Takeln.

P

Part Teilabschnitt einer Leine, auch Ausdruck für Strang oder Schaft.
Pinne Hebelarm aus Holz, Metall oder anderen Materialien, der direkt mit dem Ruder verbunden ist und über Deck nach vorn ragt. Mit der Pinne wird ein Boot gesteuert.

R

Rahen Waagerechte, am Mast angebrachte Spieren, die quer zur Längsachse eines Segelschiffs ausgerichtet sind. An den Rahen werden rechteckige Rahsegel angeschlagen.
Rahsegler Segelschiff, das die meisten seiner Segel an quer geführten Spieren, den Rahen, fährt.
Reffen Verkleinern der Segelfläche bei starkem Wind.
Reffreihe Eine Reihe von Ösen, die in ein Segel, meist parallel zum Unterliek, eingesetzt ist und durch die kurze Leinen, die Reffbändsel, geführt sind, um den gerefften Teil des Segels festzubinden.

S

Schot Eine Leine, die am äußeren Ende eines Segels befestigt ist, um es zu trimmen.
Schwert Eine aus dem Boden eines Bootes absenkbare Platte (Kielflosse), die die seitliche Abdrift verringert.
Schwertfall Eine Leine, mit der das Schwert aufgeholt bzw. abgesenkt werden kann.
Segelmacher-Handschuh Handschutz aus Leder mit einer Metallplatte am Daumenballen, um eine Nadel fest durch dicke Materialien drücken zu können.
Spectra Eine moderne Hightech-Faser für Tauwerk.
Spiere Aus Holz, Metall oder anderem Material gefertigtes, stangenförmiges Teil eines Bootes oder Schiffes wie z. B. Baum, Rah oder Gaffel, jedoch nicht der Mast.
Spinnaker Großes, ballonförmiges Yachtsegel, das vor dem Mast gesetzt wird.
Spinnakerbaum Spiere, die vom Mast zum Hals des Spinnakers führt, um das Segel auszubaumen.
Stag Teil des stehenden Guts, dient zum Abspannen eines Mastes in Bootslängsrichtung.
Steckschott Brett, das zum Schließen des Niedergangs (Zugang unter Deck) in eine senkrechte Nut eingeführt wird.
Stehende Part Der beim Binden eines Knotens inaktive Teil einer Leine.
Stehendes Gut Alle Wanten und Stage des Riggs.

T

Takling Mehrere Wicklungen Takelgarn, die dauerhaft an einer Leine oder über einem Spleiß angebracht sind, um vor Abrieb oder Aufdröseln des Endes zu schützen.
Talje Flaschenzug aus mehreren Blöcken (Rollen) und Tauwerk, um mit Kraftvorteil schwere Gegenstände zu heben oder eine Leine zu spannen.
Tauwerk, geflochtenes Leinen, die aus miteinander verflochtenen Garnen bestehen, die sowohl rechts- wie auch linksherum durch die Leine führen.
Tauwerk, geschlagenes Leinen, die aus Kardeelen (Strängen) zusammengedreht sind. Es gibt rechtgeschlagenes und linksgeschlagenes Tauwerk.
Trosse Starke Leine als Festmacher, Schleppleine oder Ankerleine.

W

Want Teil des stehenden Guts, dient zur seitlichen Abspannung eines Mastes.
Wurfleine Eine dünne Leine, die, mit einem Gewicht beschwert, geworfen wird, um daran eine dickere Leine, meist ein Festmacher oder eine Schleppleine, hinüberzuziehen.

Z

Zeisinge Kurze Stücke aus Tauwerk oder Gurtband, um etwas zu befestigen, speziell zum Verschnüren der Segel, wenn sie nicht gesetzt sind.

Register

Fotonachweis und Danksagung

Der Verlag bedankt sich für die zur Verfügung gestellten Fotos bei:

Alamy: 12 (um) ©James Brunker / Alamy

Nic Compton: Umschlag hinten (außer ol), 2 (m), 9 (o), 12 (or), 13 (um), 16 (um), 19 (o), 23 (or), 32 (ul), 52 (ul), 63 (o), 68 (ur), 71 (u), 83 (u), 95 (um), 120 (ur), 131 (o), 139 (o), 167 (o), 168 (ur), 173 (u), 193 (u), 195 (o), 217 (o), 219 (u), 227, 229, 233, 237, 243 (o), 247 (o), 261 (o), 263 (o), 277 (o), 282 (or), 283 (ur)

Corbis: 6 (m) ©Onne van der Waal / Corbis, 13 (or), 14 (or), 14 (um), ©Bettmann / Corbis

Fotolia: 28 (u), 47 (Hgr), 63 (Hgr), 74 (Hgr), 106 (Hgr), 228 (Hgr)

Getty Images: 15 (ul), 84 (Hgr), 96 (Hgr), 116 (Hgr), 154 (Hgr), 191 (Hgr)

Rupert Holmes: 21 (ul)

Istockfoto: 44 (Hgr), 174 (Hgr), 201 (Hgr)

Andrew Perris: Umschlag hinten (ol), 8 (or, ul), 10 (m), 17 (ur), 18, 20, 22, 24, 25, 28, 29, 30, 31, 32 (ur), 33, 34, 35, 36, 37, 38, 39, 40, 41, 42, 43, 44, 45, 46, 47, 48, 49, 50, 51, (außer u), 52, 53, 54, 55, 56, 57, 58, 59, 60, 61, 62, 63 (außer o), 64, 65, 66, 67 (außer u), 68 (außer ur), 89, 70, 71 (außer u), 72, 73, 74, 75, 76, 78, 79, 80, 81, 82, 83 (außer u), 84, 85, 86, 87, 88, 89, 90, 91, 92, 93, 94, 95, 96, 97, 98, 99, 100, 101, 102, 103, 104 (außer ur), 105, 106, 107, 110, 111, 112, 113, 114 (außer u), 115, 116, 117, 118, 119, 120 (außer ur), 121, 122 (außer ul), 123, 124, 125, 126, 127, 128, 129, 130, 131 (außer o), 132, 133, 134, 135, 136, 137, 138, 139 (außer o), 140, 141, 142, 143, 144, 145, 147, 148, 149, 150, 151, 152, 153, 154, 156, 157, 158, 159, 160, 161, 162, 163, 164, 165, 166, 167 (außer o), 168, 169, 171, 172, 173 (außer u), 174, 175, 176 (außer ur), 177, 178, 179, 180, 181, 182, 183, 184, 186, 187, 188, 189, 190, 191, 192, 193 (außer u), 194, 195 (außer o), 196, 198, 199, 200, 201, 202, 203, 204, 205, 206, 207, 208, 209, 210, 211, 212, 213, 214, 215, 216, 217 (außer o), 218, 219 (außer u), 220, 221, 222, 223, 224, 225, 226, 228, 230, 231, 231, 232, 233, 234, 235, 236, 238, 239, 240, 241, 242, 243, 244, 245, 256, 248, 249, 250, 251, 252, 253, 254, 255, 256, 258, 259, 260, 261 (außer o), 262, 263 (außer o), 264, 265, 266, 267, 268, 269, 270, 271, 272, 273, 274, 275, 276, 277 (außer o), 278, 279, 280, 282, 287

Shutterstock: 46 (Hgr), 67 (u), 91 (u), 114 (u), 122 (ul)

Dank auch an Vanessa Bird und Anna Kisby für ihre Unterstützung bei der Umsetzung sowie Tom und seinem Schiff WANDA für ihre Hilfe beim Fotografieren der Knoten- und Segelbilder.

KNOW-HOW FÜR DIE PRAXIS

Jeremy Evans / Pat Manley / Barrie Smith
Perfekt segeln
Know-how für die Praxis
ISBN 978-3-7688-2672-3

Pat Manley / Rupert Holmes
Perfekte Bootspflege
Know-how für die Praxis
ISBN 978-3-7688-3309-7

Pat Manley / Rupert Holmes
Perfekte Bootsreparatur
Know-how für die Praxis
ISBN 978-3-7688-3382-0